ABENTEUER MIT

UNMÖGLICHEN FIGUREN

Ausführliche Informationen über unser komplettes Verlagsprogramm finden Sie in unserem Katalog, anzufordern bei der:
TACO VERLAGSGESELLSCHAFT UND AGENTUR, Hauptstraße 9 · D-1000 Berlin 62

Übersetzung aus dem Niederländischen: Susanne George

Wir danken Bruno Ernst, Joop van Bossum, Monika Buch und Jos de Mey für die freundliche Abbildungsgenehmigung der Illustrationen auf den Seiten 14, 29, 39, 45 und 47. Die Coverillustration stammt von C. Michael Mette; alle weiteren ganzseitigen farbigen Illustrationen wurden von Ulrike Bleyle nach Entwürfen von Bruno Ernst gestaltet.

ISBN 3-89268-012-4

ABENTEUER MIT

UNMÖGLICHEN FIGUREN

BRUNO ERNST

TACO

Inhalt

Vorwort

Dieses Buch handelt von wunderlichen Undingen. Sie sind perfekt abgebildet, aber sie existieren nicht. Nun ist dies an sich nicht so außergewöhnlich: Eine Frau mit Fischflosse gibt es auch nicht, aber man kann sie problemlos zeichnen oder als Marmorbild darstellen. Jeder weiß das, und niemand wundert sich, wenn er eine Meerjungfrau sieht.
Hier geht es jedoch um Dinge, die tatsächlich nicht bestehen können, und das kann man auch direkt erkennen. Wer versucht, sie als Plastik oder Modell aus Pappe nachzubilden, wird sich getäuscht sehen. Das ist unmöglich.
Dennoch ist die Unmöglichkeit dieser unmöglichen Figuren nicht so absolut wie beispielsweise ein viereckiger Kreis. Darunter können Sie sich nichts vorstellen, und ich könnte ihn auch nicht für Sie zeichnen. Die unmöglichen Figuren, um die es hier geht, können Sie sich sonderbarerweise sehr wohl vorstellen, und das ist äußerst reizvoll. Sie eröffnen eine neue Welt und offenbaren damit etwas von dem unglaublich komplizierten Geschehen, das wir SEHEN nennen.

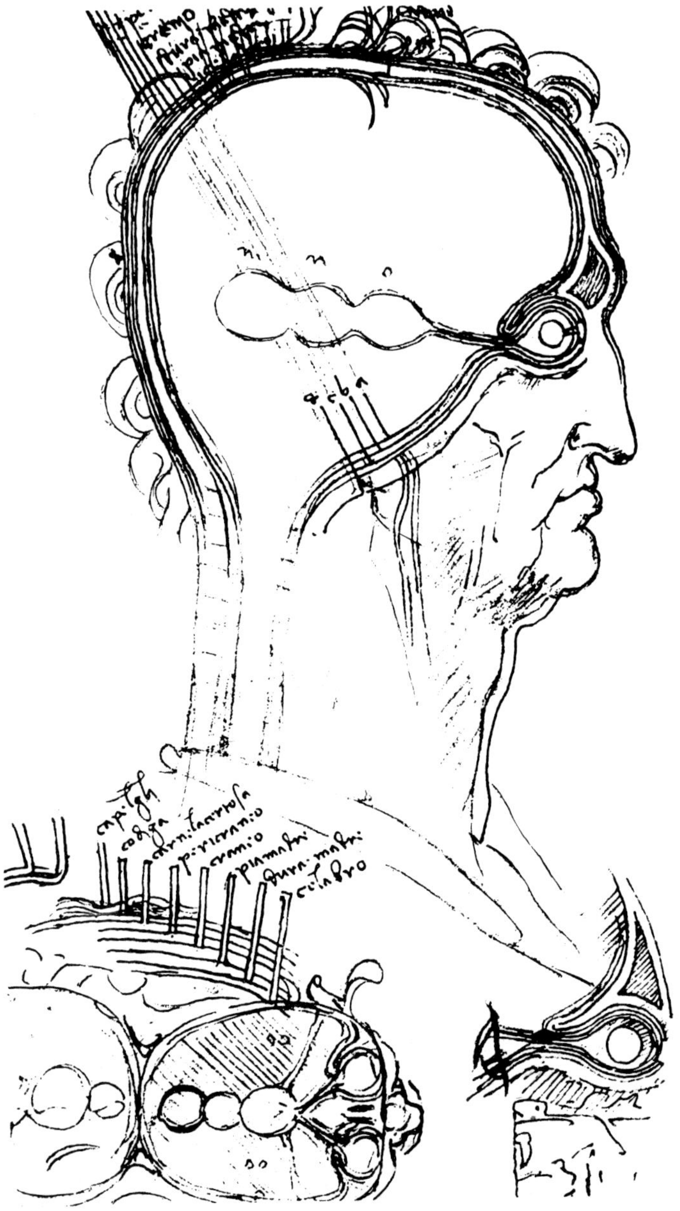

Leonardo da Vinci zeichnete um das Jahr 1500 diesen Querschnitt des Kopfes. Obwohl die Anatomie des Gehirns kaum Ähnlichkeit mit der Wirklichkeit aufweist, ist die Einheit zwischen dem äußeren Auge und dem Gehirn treffend wiedergegeben.

1. Das Ding

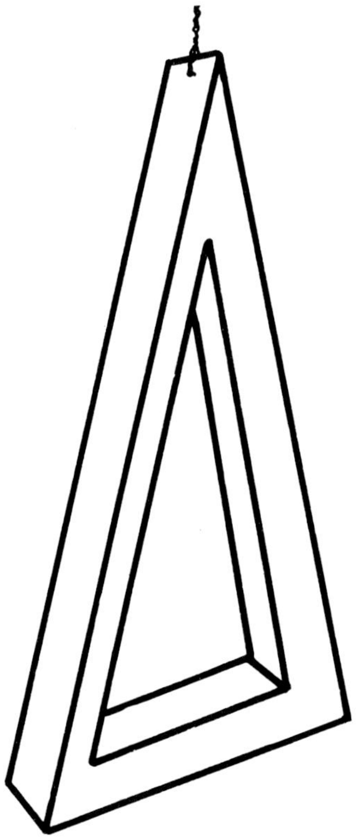

Schlagen Sie die Seite 9 auf: Was für ein DING ist dort groß abgebildet? Was stellt diese Figur dar?
Wenn Sie sich diese Fragen stellen, sind Sie doppelt getäuscht. An die erste Täuschung sind Sie jedoch so gewöhnt, daß Sie es kaum Täuschung nennen möchten: Sie betrachten nämlich kein DING, sondern einige Linien und farbige Flächen auf einem Stück Papier. Aber die zweite Täuschung...?
Belassen wir es einmal dabei, daß Sie sich soeben ein DING vorgestellt haben; ein Ding, zusammengesetzt aus drei Balken. Dann können Sie das Ding auch in Gedanken drehen. Unten habe ich aufgezeichnet, was Sie (zumindest in Gedanken) als Zwischenergebnis einer derartigen Drehung sehen können: nichts Außergewöhnliches. Sie können sich auch andere einfache Dinge, wie eine Dose, einen Bleistift oder eine Teetasse, in Gedanken vorführen und sich dann vorstellen, wie diese in verschiedenen Positionen aussehen.
Dennoch unterliegen Sie hier einem Irrtum. Das DING (wir werden es in Zukunft eine DREI-BALKEN-KONSTRUKTION nennen) sieht nämlich völlig anders aus, wenn wir es drehen.
Es stellt sich sogar die Frage, ob diese Drei-Balken-Konstruktion überhaupt gedreht werden kann!
Ist Ihnen nicht aufgefallen, daß Balken A senkrecht auf Balken B steht und auf Sie zuläuft, während Balken B (ebenfalls senkrecht auf Balken C stehend) sich von Ihnen entfernt? Wie können dann die Balken A und B oben zusammenlaufen?
Ferner bilden diese Balken ein Dreieck mit drei Winkeln von neunzig Grad. Und auch das ist unmöglich. Eine solche DREI-BALKEN-KONSTRUKTION kann folglich nicht existieren. Und dennoch: Betrachten wir die Balken ... betrachten wir die Ecken, an denen sie zusammentreffen, dies alles ist perfekt.

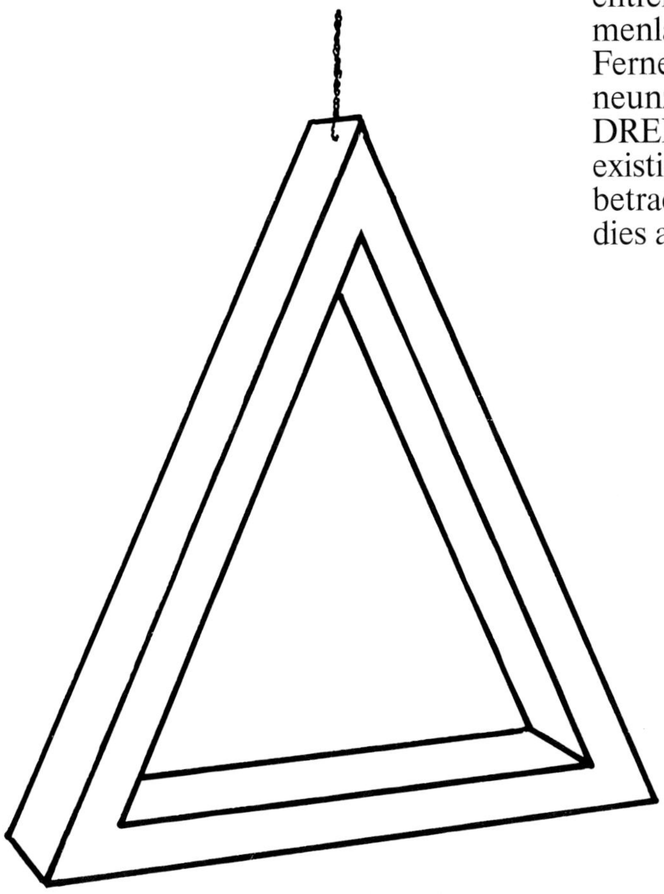

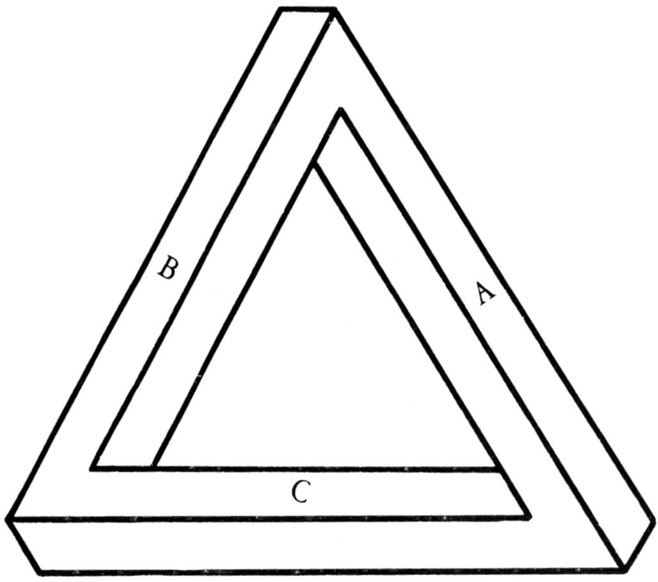

Unten sehen Sie ein echtes Photo von einer UNMÖGLICHEN DREI-BALKEN-KONSTRUKTION. Wenn die Drei-Balken-Konstruktion gebaut werden kann, ist sie auch nicht unmöglich, würde man sagen. Um jedoch zu veranschaulichen, wie diese Drei-Balken-Konstruktion zusammengesetzt ist, haben wir für das Photo einen Spiegel dahintergestellt. Nun gibt es zwei Möglichkeiten: Entweder Sie glauben einfach nicht, daß es sich hier um ein Ding und sein Spiegelbild handelt. Oder Sie sagen: Der Gegenstand, der in dem Spiegel zu sehen ist, stimmt in keiner Weise mit dem Gegenstand überein, den ich mir vorstelle, wenn ich die unmögliche Drei-Balken-Konstruktion sehe.
Was die erste Version betrifft: Dies ist bestimmt kein Trickphoto. Indem man den Gegenstand von einem bestimmten Punkt aus betrachtet, sieht man ihn als eine unmögliche Drei-Balken-Konstruktion.
Was die zweite betrifft: Sie haben recht! Der Gegenstand, der aus sechs aneinandergeleimten Leisten besteht, hat nichts zu tun mit der unmöglichen Drei-Balken-Konstruktion, die Sie sich beim Betrachten dessen, was Sie vor dem Spiegel sehen, vorstellen.
Eine merkwürdige Situation, die näher erläutert werden muß.

Links:
Aus einer bestimmten Perspektive betrachtet, zeigt sich der Gegenstand im Spiegel als Drei-Balken-Konstruktion.

Rechts:
Diese Drei-Balken-Konstruktion ist eine der einfachsten unmöglichen Figuren und doch von großer optischer Wirksamkeit.

Das Auge

Was wir gewöhnlich das AUGE nennen, ist eine Minikamera in Form einer Kugel. Die Augenlinse wirft ein Bild auf die Rückseite des Auges: die Netzhaut. Diese besteht aus mehr als hundert Millionen lichtempfindlichen Zellen, deren Signale von ungefähr einer Million Nervenfasern zum Gehirn geleitet werden. Als Sehnerv gebündelt, verlassen diese Fasern das Auge.
Ein bestimmter Teil in unserem Gehirn ist hauptsächlich dazu bestimmt, die Informationen zu verarbeiten, welche durch den Sehnerv zugeführt werden. Dies ist ein äußerst komplizierter Prozeß, über den wir in den vergangenen zehn Jahren viel (aber immer noch viel zu wenig!) erfahren haben. Im folgenden werden wir das gesamte (visuelle) informationsverarbeitende System (Auge, Nervenfasern, Sehzentrum im Gehirn) kurz als AUGE bezeichnen.

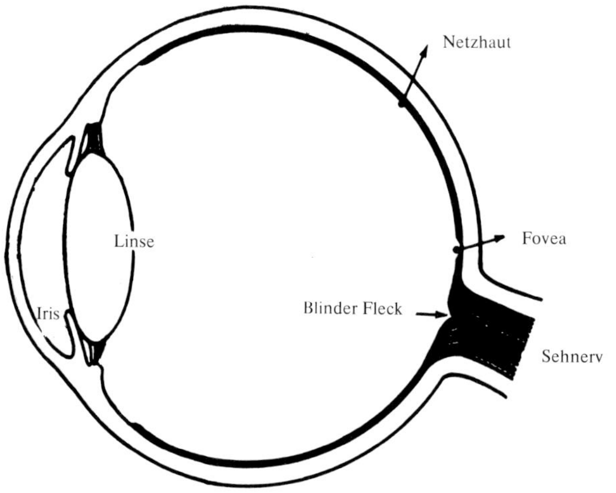

Querschnitt des Auges, die „Minikamera", die ein Bild der Außenwelt auf die lichtempfindlichen Zellen der Netzhaut projiziert.

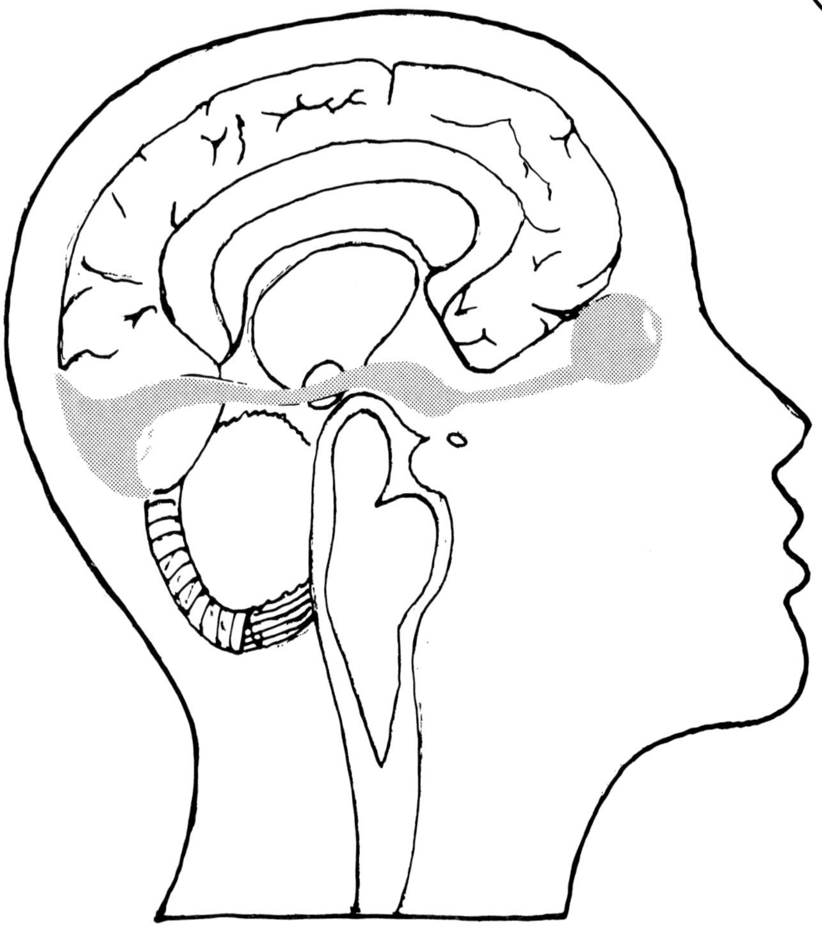

Das AUGE. Das gesamte infomationsverarbeitende System ist in diesem Schema grau gezeichnet. Vergleiche mit Da Vincis Zeichnung auf Seite 6.

Realität oder schemenhafte Existenz?

Wir können mit dem Auge die räumliche Anordnung der Dinge um uns herum nicht *direkt* wahrnehmen. Das Auge macht von der dreidimensionalen Wirklichkeit zunächst ein *flaches* Netzhautbild. Das AUGE rekonstruiert danach wiederum eine räumliche Vorstellung. Denken Sie hierbei nicht an das Sehen mit zwei Augen (das stereoskopische Sehen), denn das wollen wir hier außer Betracht lassen.
Auch wenn wir nur mit einem Auge sehen, bekommen wir einen umfassenden Eindruck von den Dingen, die uns umgeben. Das AUGE verwertet für seine „Berechnungen" einige Informationen aus dem flachen Netzhautbild und liefert im Bruchteil einer Sekunde das Resultat. Dies ist eine ungeheure Leistung, die ein Computer immer noch nicht simulieren kann. Anhand eines komplizierten Programmes können wir den Computer einen Kubus, eine Pyramide und einen Zylinder in verschiedenen Stellungen voneinander unterscheiden lassen. Wesentlich weiter ist die sogenannte *Robotervision* zur Zeit jedoch noch nicht entwickelt.
Wenn *wir* jedoch in ein beliebiges Zimmer hineinkommen, können wir augenblicklich sagen: „Dort steht ein Stuhl und dort noch einer." Aber vorerst gibt es niemanden, der ein Programm schreiben könnte, das die Information, ebenso wie das AUGE, auf der lichtempfindlichen Fläche einer TV-Kamera verarbeiten würde.
Aus Obenstehendem wird deutlich, daß es nicht so wichtig ist, ob man die Wirklichkeit selbst oder aber eine Abbildung (Zeichnung oder Photo) von dieser betrachtet. In beiden Fällen verarbeitet das AUGE die Informationen eines *flachen* Netzhautbildes zu einer räumlichen Information.
Was geschieht nun bei der Betrachtung einer unmöglichen Figur, beispielsweise einer unmöglichen Drei-Balken-Konstruktion? Bei der Betrachtung der vorherigen Zeichnungen haben Sie es selbst erfahren: Das AUGE macht sofort ein DING daraus, einen räumlichen Gegenstand. Danach rechnet unser visueller Computer weiter und kommt nach einigen Sekunden (manchmal dauert es auch etwas länger) zu dem Schluß: Das DING kann im Raum nicht existieren. Die räumlichen Angaben in der Zeichnung oder auf dem Photo stehen im Widerspruch zueinander.

Japanische Drei-Balken-Konstruktion.

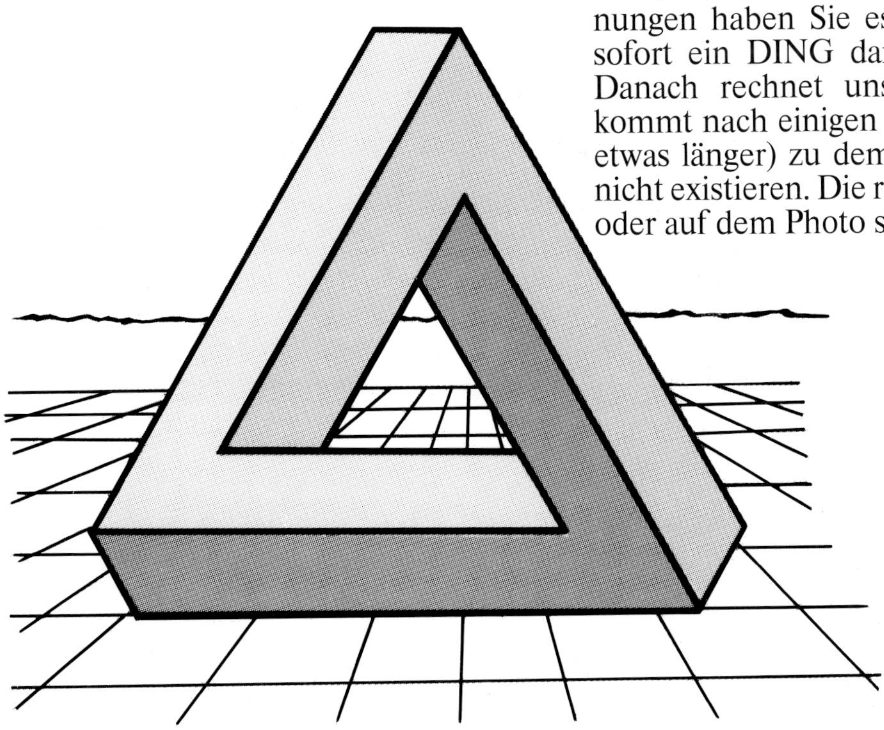

Unmögliche Drei-Balken-Konstruktion in einer Landschaft.

Der auf uns zulaufende Balken und der Balken, der sich von uns entfernt, können nicht an demselben Punkt im Raum zusammentreffen. Die für diese Feststellung benötigte Rechenzeit ist offenbar hundert- bis tausendmal so lang wie jene, die für die erste Folgerung nötig war: Es ist ein DING. Was danach passiert, ist äußerst merkwürdig. Unser AUGE hat sich im Laufe vieler Millionen Jahre der Evolution zu einem Instrument entwickelt, mit dem wir die reale dreidimensionale Welt analysieren können, um fähig zu sein, wirksam auf sie zu reagieren. Sobald das AUGE die Schlußfolgerung zieht: das DING kann räumlich nicht bestehen, wird die erste Folgerung sinnlos; diese verliert jegliche Bedeutung für uns, und man könnte erwarten, daß das DING, welches vom AUGE aufgebaut wurde, auf die eine oder andere Weise auseinanderfällt oder verschwindet. Zumindest aber, daß es nicht mehr als ein DING gesehen wird, sondern als eine Linienanordnung ohne räumliche Organisation. Dennoch geschieht das nicht. Wir sehen weiterhin ein DING, und gleichzeitig behauptet das AUGE: Das DING kann nicht existieren!

Damit schafft das AUGE eine räumliche Absurdität. Es hält an beiden widersprüchlichen Folgerungen fest: Es ist ein DING, und es ist unmöglich: ein NICHT-DING.

Es scheint so, als würde sich das AUGE dem Konflikt entziehen und die endgültige Entscheidung einer höheren Instanz überlassen.

Inzwischen ist dabei die Realität einer unmöglichen Figur entstanden. Die unmögliche Figur führt zwar das schemenhafte Dasein eines unmöglichen Gegenstandes in unserer Vorstellung, aber sie hat denselben Status wie die Häuser, die Bäume und die Stühle, die das AUGE für uns aus den Netzhautbildern ableitet.

Das ist das Faszinierende an unmöglichen Figuren.

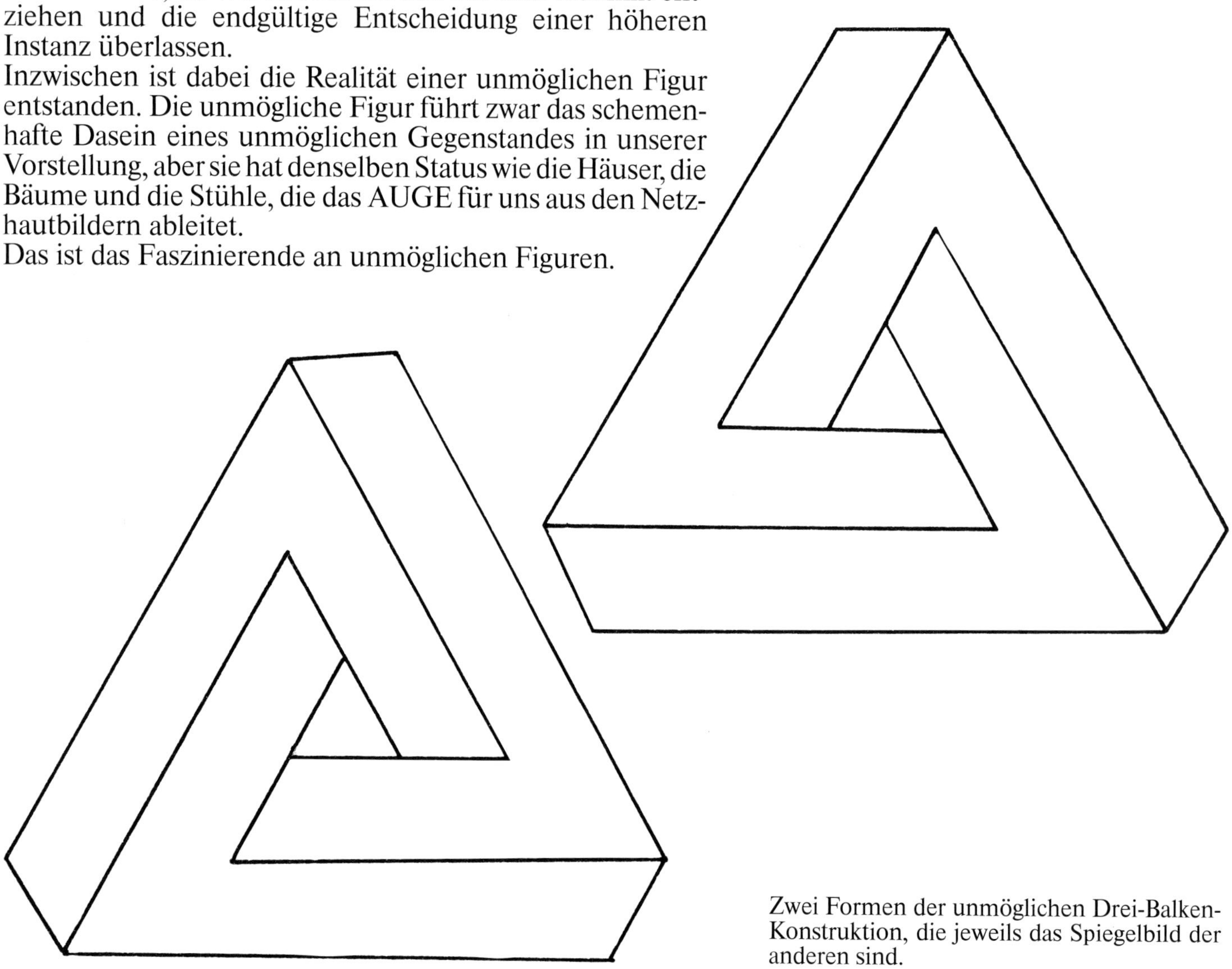

Zwei Formen der unmöglichen Drei-Balken-Konstruktion, die jeweils das Spiegelbild der anderen sind.

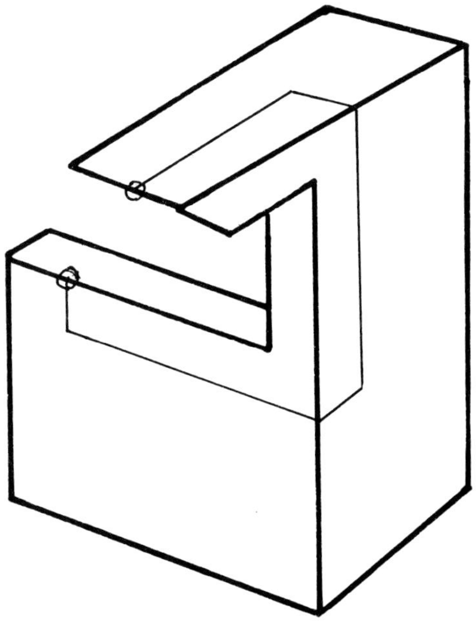

Modellbogen für eine räumliche Drei-Balken-Konstruktion.

Modellbogen

Wenn Sie ein räumliches Modell von einer unmöglichen Drei-Balken-Konstruktion anfertigen wollen, ist es nicht nötig, kleine Balken oder Leisten aneinanderzuleimen, wie ich es für das Photo auf Seite 8 gemacht habe.
Unten finden Sie dafür einen Modellbogen.
Wenn Sie den Anweisungen für das Ausschneiden und Falten folgen, haben Sie ein räumliches Modell, das, aus einem bestimmten Winkel betrachtet oder photographiert, das AUGE zum SEHEN einer unmöglichen Drei-Balken-Konstruktion zwingt. Da der Gegenstand (der selbst natürlich sicher keine unmögliche Figur ist) auf einem Tisch stehen können muß, machen Sie am besten eine Photokopie von dieser Seite und kleben sie auf festeres Papier oder sehr dünnen Karton, bevor Sie mit dem Schneiden und Falten beginnen.

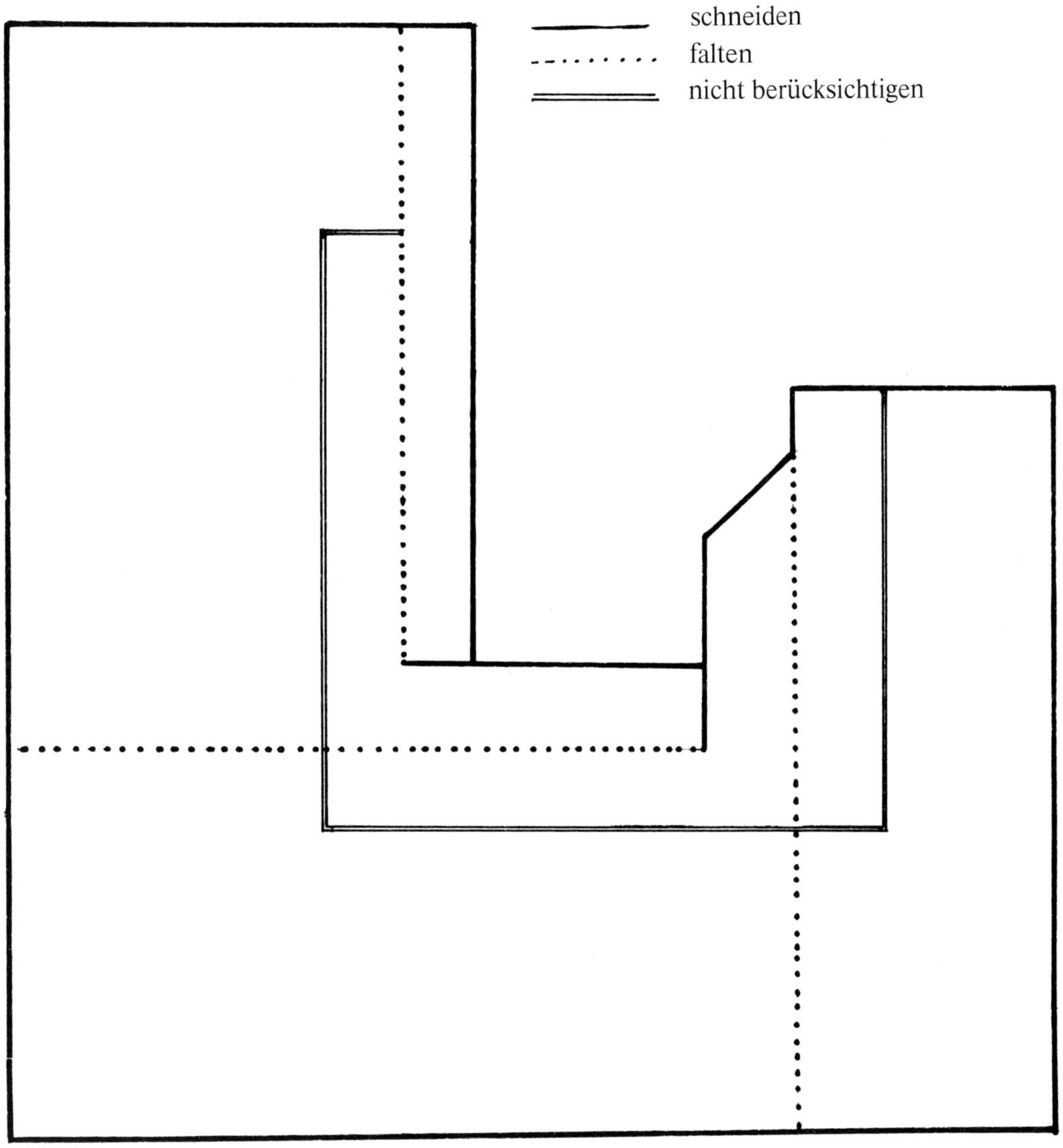

Der Anfang

Im Jahre 1934 zeichnete der schwedische Künstler Oscar Reutersvärd neun Kuben in einem unmöglichen räumlichen Zusammenhang. Damit war die erste unmögliche Drei-Balken-Konstruktion bewußt geschaffen worden. Reutersvärd sollte weiterhin auf diesem Gebiet arbeiten und in vielen hundert Zeichnungen von seinen Entdeckungen berichten.
Seine Arbeit wurde erst relativ spät in weiteren Kreisen bekannt und gewürdigt. 1982 gab die schwedische Post eine Serie von Reutersvärd heraus. In demselben Jahr erschien eine Auswahl seiner Zeichnungen als Buch, das später in verschiedenen Sprachen herausgegeben wurde.

Schwedische Briefmarken mit Motiven Oscar Reutersvärds.

Oskar Reutersvärd, Hommage à Bruno Ernst, perspective japonaise no 293 a, kolorierte Zeichnung, 46 x 48 cm.

Das breite Publikum lernte die unmögliche Drei-Balken-Konstruktion auf einem völlig anderen Wege kennen.
Im Jahre 1958 publizierten L. S. und R. Penrose einen kurzen Artikel im *British Journal of Psychology:* "Impossible objects: a special type of visual illusion„. Darin beschrieben sie ihre Erfindung der unmöglichen Drei-Balken-Konstruktion und der endlosen Treppe. Escher verwendete die unmögliche Drei-Balken-Konstruktion in seiner Lithographie „Wasserfall" (1961), die mittlerweile zu seinen bekanntesten Bildern gehört. Seit 1972 wurden von ihr mehr als 160 000 Reproduktionen verkauft!
Der Kern dieses Bildes besteht aus drei aneinandergefügten unmöglichen Drei-Balken-Konstruktionen. Damit wird auf sinnreiche Weise die wundersame Eigenschaft einer derartigen Figur sehr anschaulich demonstriert. Der Bau fungiert als *Perpetuum mobile*, in dem ständig Wasser nach unten strömt und doch immer wieder zum Anfangspunkt gelangt. Dadurch entsteht ein Wasserfall, der ein Rad in ständiger Bewegung hält.

Eins der bekanntesten und meist reproduzierten Bilder Eschers: seine Lithographie *Wasserfall.*

Zusammensetzung und Berechnung

Anhand von zwei Zeichnungen wollen wir noch einmal zeigen, wie real eine unmögliche Drei-Balken-Konstruktion für uns ist, mit anderen Worten, wieviel Bedeutung wir der ersten Folgerung des AUGES beimessen: es ist ein DING. Nebenstehend sehen Sie, wie eine derartige Drei-Balken-Konstruktion mit Hilfe von drei Balken und drei Kuben zusammengefügt werden kann. Viele von denen, die wissen, daß solch eine Konstruktion unmöglich ist, werden nun doch wieder zweifeln, probieren ... und dann feststellen, daß es nicht gelingt. Die andere Zeichnung veranschaulicht, daß es sogar möglich ist, die Oberfläche und den Inhalt einer unmöglichen Drei-Balken-Konstruktion zu berechnen.
Bei einer Balkenlänge von 5 cm und einem Durchmesser von 1 cm beträgt die Oberfläche 48 cm^2 und der Inhalt 12 m^3. Kontrollieren Sie ruhig selbst einmal; es ist einfach eine Frage des Zählens.

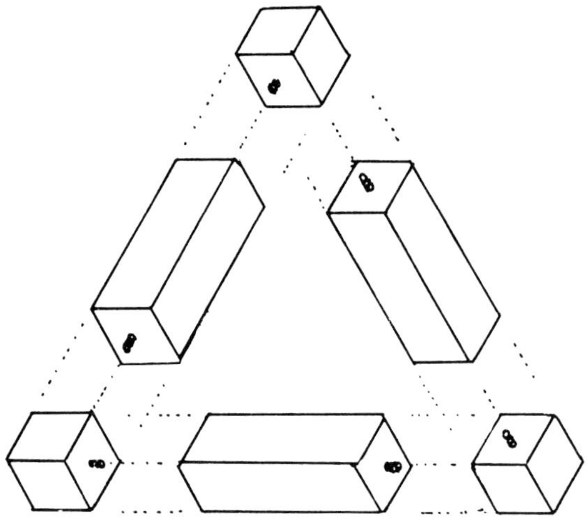

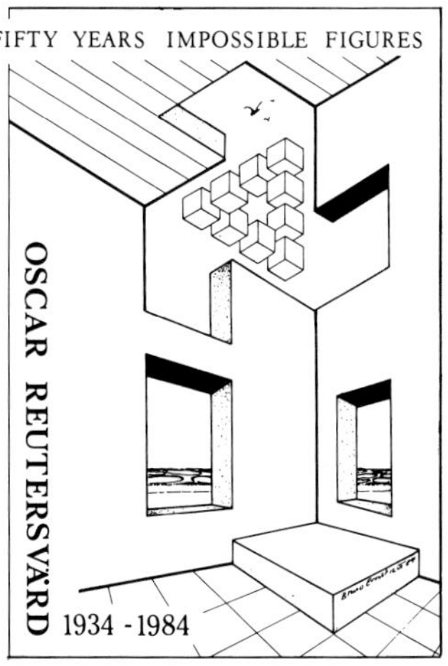

Variationen der Drei-Balken-Konstruktion

Die unmögliche Drei-Balken-Konstruktion kann auf verschiedene Weise in Zeichnungen eingesetzt werden. Einige Beispiele finden Sie hier und auf den folgenden Seiten. “Fifty years impossible figures„ zeichnete ich als Jubiläumsplakat für Oscar Reutersvärd; die Öffnung des Zimmers ist eine Variante der unmöglichen Drei-Balken-Konstruktion, während Reutersvärds ursprüngliche Zeichnung als Himmelskörper aufstieg.

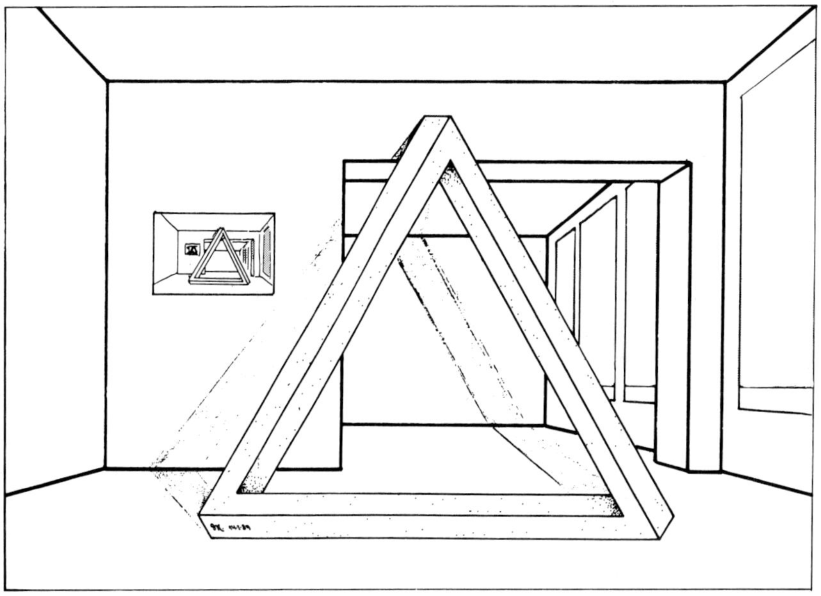

In dieser Zeichnung versuchte ich, eine unmögliche Drei-Balken-Konstruktion in die normale Umgebung des Korridors meiner Wohnung zu setzen.

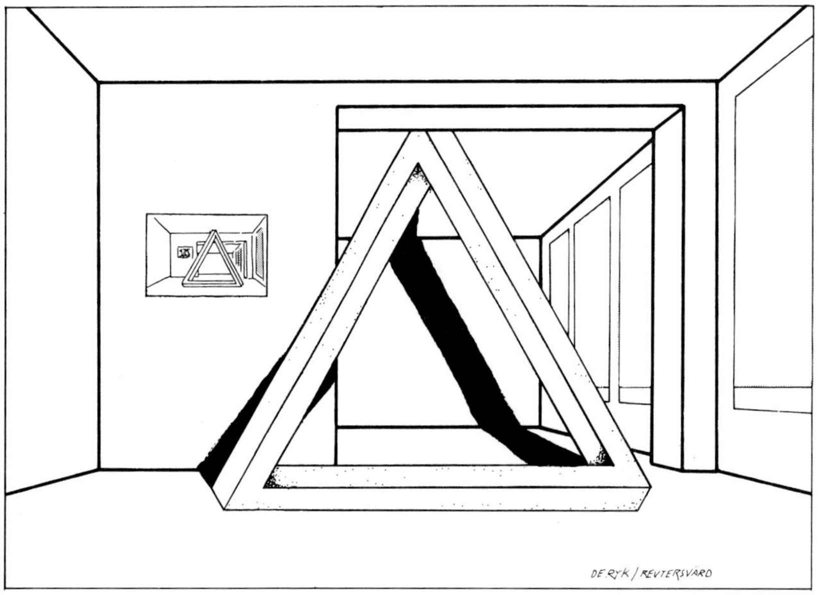

Reutersvärd, dem ich meine Skizze schickte, reagierte sofort mit einer interessanten Version: Er ließ die Spitze der Drei-Balken-Konstruktion teilweise hinter einem Tragbalken verschwinden.

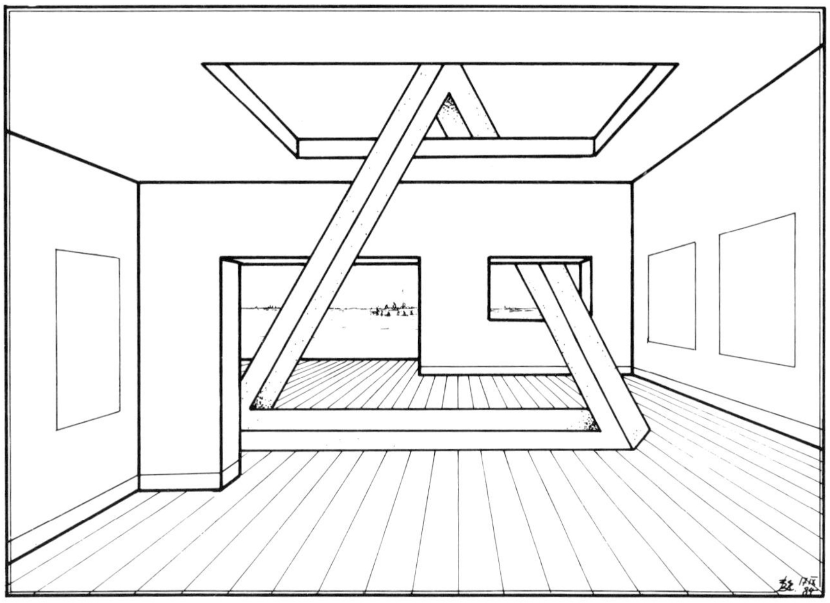

Vom Einfall Reutersvärds inspiriert, zeichnete ich eine neue Version, in der zugleich ein anderer Typ einer unmöglichen Figur (siehe Kapitel 7) verwendet wird, um für die Drei-Balken-Konstruktion auch eine unmögliche Umgebung zu schaffen. Nun ist es ein Museumssaal, in dem unmögliche Figuren an der Wand hängen, wobei jedoch die Plazierung des Modells große Probleme aufwirft.

Eine Fiktion für das Jahr 2034: Auf dem Mond wird eine unmögliche Drei-Balken-Konstruktion aufgestellt – als Erinnerungsmonument anläßlich des hundertjährigen Bestehens dieser unmöglichen Figur (die Umgebung entnahm ich Macaulay).

Sollte die Cheopspyramide einmal verschwinden, dann kann dort, mit wesentlich weniger Baumaterial, eine ebenso große unmögliche Drei-Balken-Konstruktion aufgestellt werden.

2. Die verdrehte Dose

Hier lernen wir eine unmögliche Zwei-Balken-Konstruktion kennen und geraten dabei automatisch zu einer unmöglichen Vier-Balken-Konstruktion. Die Frage ist dann: können wir die Reihe fortsetzen: Fünf-Balken-Konstruktion, Sechs-Balken-Konstruktion …?
Vielleicht kommt die größte Überraschung am Ende: Es gibt auch unmögliche Ein-Balken-Konstruktionen!

Verdrehte Dose und unmögliche Zwei-Balken-Konstruktion

Professor X zeigte mir die Zeichnung einer Dose, die er sich tags zuvor ausgedacht hatte, und fragte mich: „Wieviele Kuben würden dort hineinpassen?"
„Es tut mir leid, aber ich sehe überhaupt keine Dose."
Professor X: „Oh, dann werde ich Dir zeigen, wie ich darauf kam. Zuerst hatte ich eine lange Kiste. Von dieser habe ich am hinteren Ende acht Kuben abgesägt."
„Jetzt sehe ich es; es ist eine merkwürdige Form. Sie sieht gedreht aus. Ein verdrehtes, merkwürdiges Ding; die Vorderseite ist horizontal und die Hinterseite vertikal!"
Professor X: „Dieselbe Frage: Wieviele Kuben?"
Nach einigem Nachdenken fragte ich: „Können Sie auch aufzeichnen, wie das Ding von hinten aussieht?"
Professor X zeichnete seine Figur wie folgt.

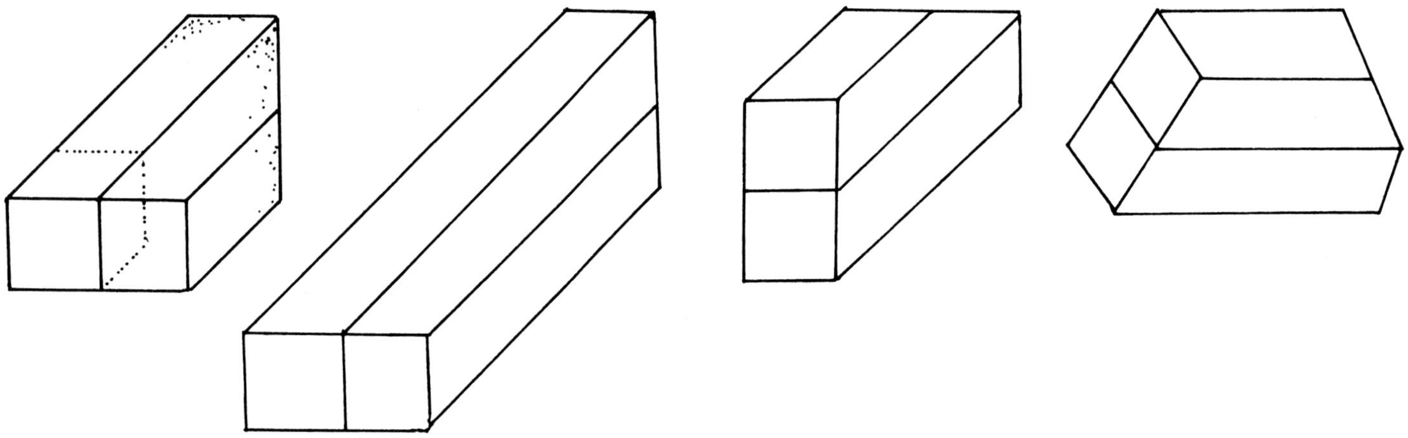

„Bitte noch einen letzten Hinweis. Wie sieht es von der Seite aus?"
Professor X, geduldig wie immer, macht eine neue Zeichnung.
„Ich denke, daß der Inhalt mehr als vier Kuben beträgt. Aber wie lautet die richtige Antwort?"
Professor X: „Genau fünf!"
„Können Sie mir das erklären?"
Professor X antwortet lächelnd: „Noch nicht."

Von der unmöglichen Drei-Balken- zur unmöglichen Vier-Balken-Konstruktion

Professor X zeichnete eine unmögliche Drei-Balken-Konstruktion und verschob dann den rechten Balken entlang der Linien l und m, so wie es unten zu sehen ist.
Nach einem kurzen Blick sah ich, daß diese Vier-Balken-Konstruktion ebenfalls unmöglich war. Gut und schön, aber ich fragte mich doch, wie er auf diese Weise wieder zu seiner verrückten Dose gelangen könnte.
Professor X: „So kann man aus einer unmöglichen Drei-Balken-Konstruktion eine unmögliche Vier-Balken-Konstruktion entstehen lassen.“
Ich nickte zustimmend und behielt andere Bemerkungen für mich, weil ich so schnell wie möglich wissen wollte, warum Professor X nur so entschieden behaupten konnte, daß seine Dose einen Inhalt von fünf Kuben hatte.
Professor X: „Die folgende Figur ist auch so eine Vier-Balken-Konstruktion, der Seitenbalken ist nur um einen Kubus verschoben. Ich numeriere die Kuben (es sind vierzehn), so daß Du genau verfolgen kannst, was geschieht. Nun nehme ich die beiden obersten Kuben weg. Und um die Lücke zu schließen, füge ich einen dazwischen. Kannst Du mir folgen?“

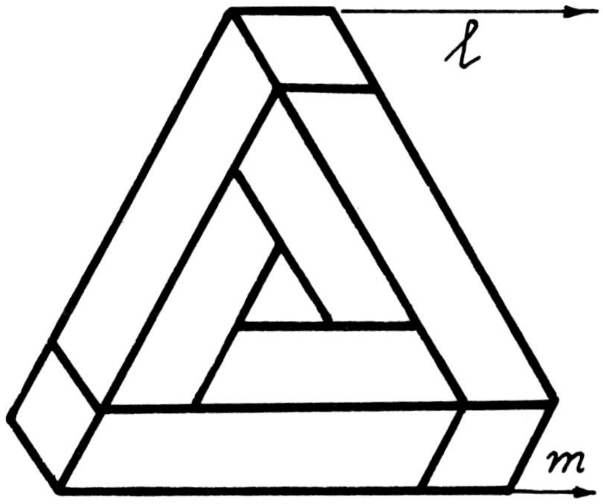

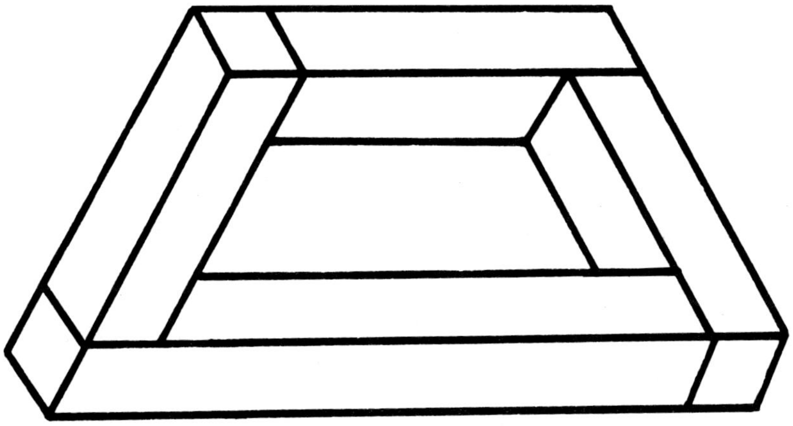

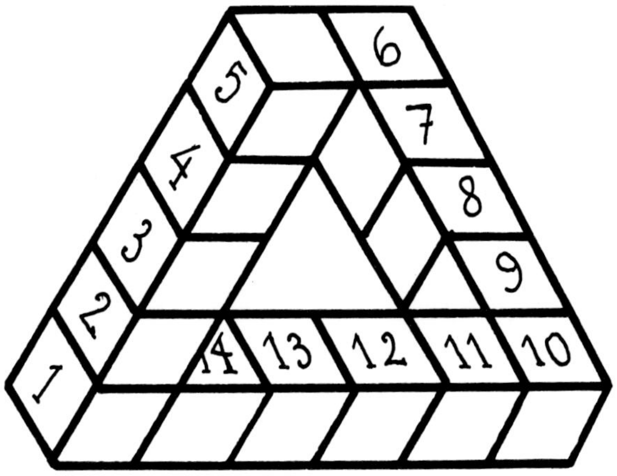

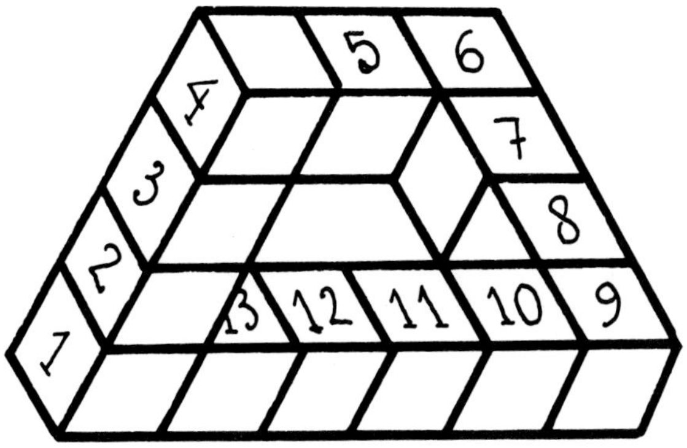

„Ja, wir haben nun einen Kubus weniger."
Professor X: „Stimmt. Ich mache nun noch einmal dasselbe."
„Dann werden wohl zwölf Kuben übrigbleiben." Meine Bemerkung hindert Professor X nicht daran, alle Kuben in Ruhe weiter zu numerieren.
Professor X: „Du fängst an zu begreifen, aber ich gehe weiter. Siehst Du, daß auf diese Weise eine unmögliche Zwei-Balken-Konstruktion entsteht? Ich versehe sie nicht mehr mit Nummern, aber Du wirst zweifellos bestätigen, daß diese aus elf Kuben besteht. Immer zwei wegnehmen und einen wieder hinzufügen."
Ich war froh, den Monolog von Professor X mit einer klugen Bemerkung unterbrechen zu können: „Nun sehe ich es, das ist die Kiste , die Sie benutzten, um die verdrehte Dose anzufertigen."
Professor X: „Fein, ich merke, daß Du mir noch immer folgen kannst. Nun werde ich die sechs Kuben an der rechten Seite wegnehmen."
„Und da kommt ihre verdrehte Dose zum Vorschein", sagte ich triumphierend. „Und jetzt sehe ich auch, warum deren Inhalt fünf Kuben beträgt: elf minus sechs, und es bleiben fünf übrig."
„Keine schlechte Leistung für ein Kind von sechs Jahren", sagte Professor X sarkastisch. „Und erzähle mir jetzt nicht, daß man eine noch kleinere Dose mit einem Inhalt von drei Kuben zeichnen kann. Das weiß ich selbst, aber die meisten Menschen sehen es dann nicht mehr als Dose."

Rechts:
Unmögliche Vier-Balken-Konstruktion mit verschränkten Balken.

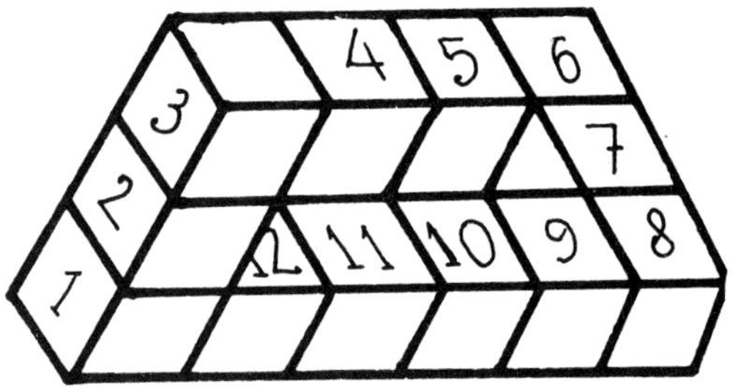

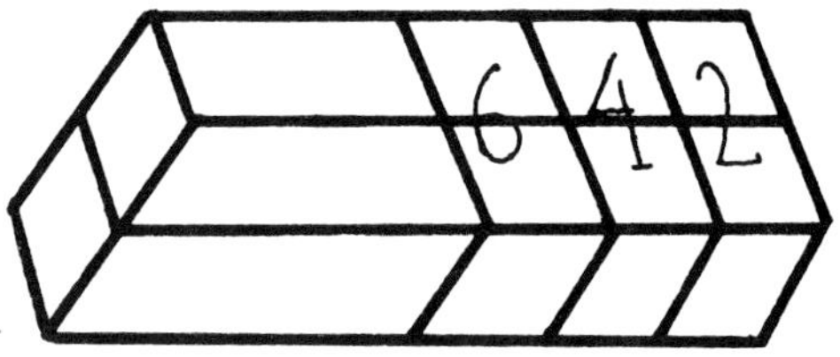

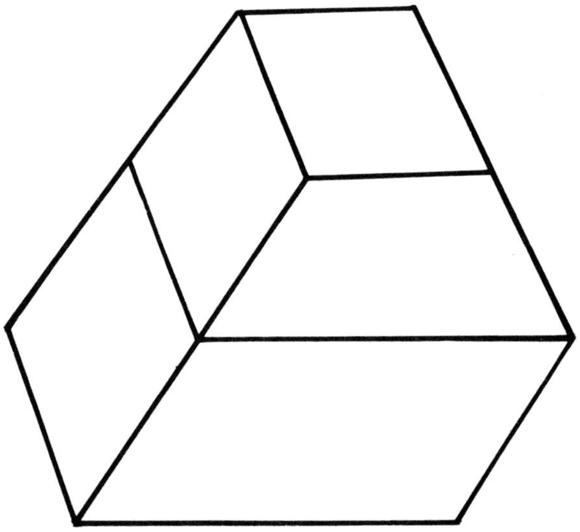

MM87

Die unmögliche Vier-Balken-Konstruktion mit verschränkten Balken

Die Vier-Balken-Konstruktion, die wir auf der Seite zuvor kennengelernt haben, hat zwei parallele Balken und zwei Balken, die sich senkrecht zu kreuzen scheinen.
Das AUGE signalisiert unmittelbar (ebenso wie bei der unmöglichen Drei-Balken-Konstruktion): Es ist ein DING, als nähere Spezifizierung: mit einem aus Balken bestehenden Rahmen. Die ergänzende Aussage kommt nicht später, sondern gleichzeitig mit der ersten. In etwas holperigem Deutsch: Es ist ein *Rahmen-Ding aus Balken* (siehe Abb. S. 23).
Das AUGE erkennt demnach das Ding auch sofort als Rahmen, und dies ist nur möglich, wenn in unserem visuellen Gedächtnis verschiedene Rahmenformen gespeichert sind. Auf welche Weise sie dort vorhanden sind, ist noch immer ein großes Rätsel, aber es gibt sie. Die obere Hälfte der Vier-Balken-Konstruktion (von S. 23) gleicht dem Rahmen, der nebenstehend links abgebildet ist, und die untere Hälfte stimmt ebenfalls mit einem normalen Rahmen überein (nebenstehend rechts).
Die unmögliche Vier-Balken-Konstruktion verbindet also Teile von zwei normalen Rahmen. Die Balken sind normal, jede Eckverbindung ist korrekt, aber Balken B, ausgehend von Balken A, entfernt sich von uns, während Balken C auf uns zuläuft. Das steht im Widerspruch zu der Tatsache, daß der senkrechte Balken D die Enden von B und C miteinander verbindet.

Modell und Spiegelbild einer Vier-Balken-Konstruktion.

Modelle der unmöglichen Vier-Balken-Konstruktion

Auch von dieser unmöglichen Vier-Balken-Konstruktion können wir Modelle anfertigen. Das Photo unten links zeigt ein Holzmodell, das vor einem Spiegel steht. Das Spiegelbild läßt deutlich erkennen, wie dieses Modell zusammengesetzt ist.
Es ist nicht möglich, dieses Modell zu bauen, indem man acht Leisten aneinanderleimt.
Hier unten ist ein Modellbogen für eine Vier-Balken-Konstruktion aufgezeichnet. Die Anweisungen auf Seite 13 gelten auch für diesen Modellbogen.
Auf der folgenden Seite finden Sie Zeichnungen, in denen die unmögliche Vier-Balken-Konstruktion angewendet wurde. Die merkwürdigen Zimmerzeichnungen sind aus Vier-Balken-Konstruktionen entstanden, deren Umriß gleichsam ins Unendliche versetzt ist.

Modellbogen für eine räumliche Vier-Balken-Konstruktion.

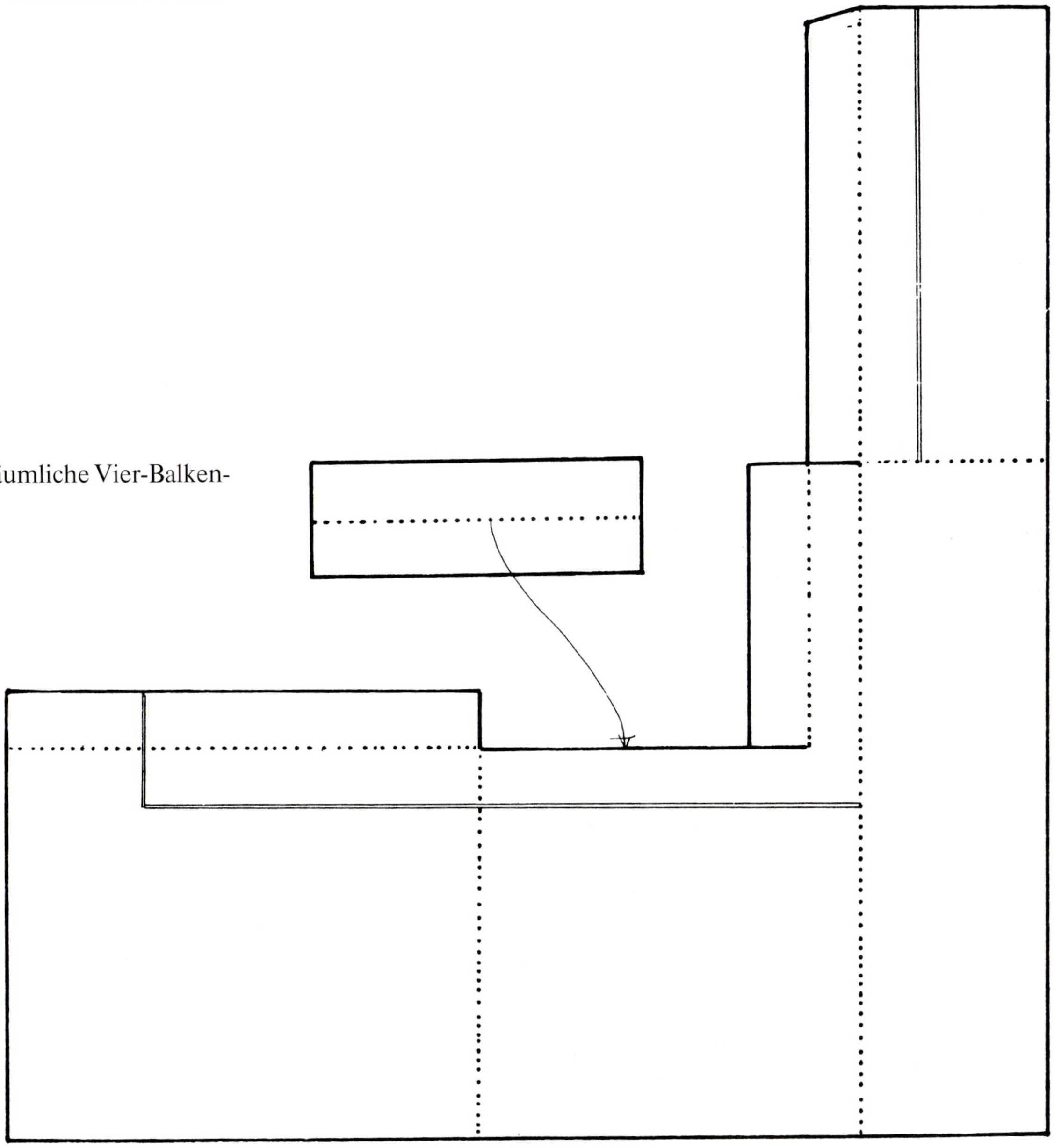

Die Umgebung in dieser Abbildung ist Macaulay entnommen.

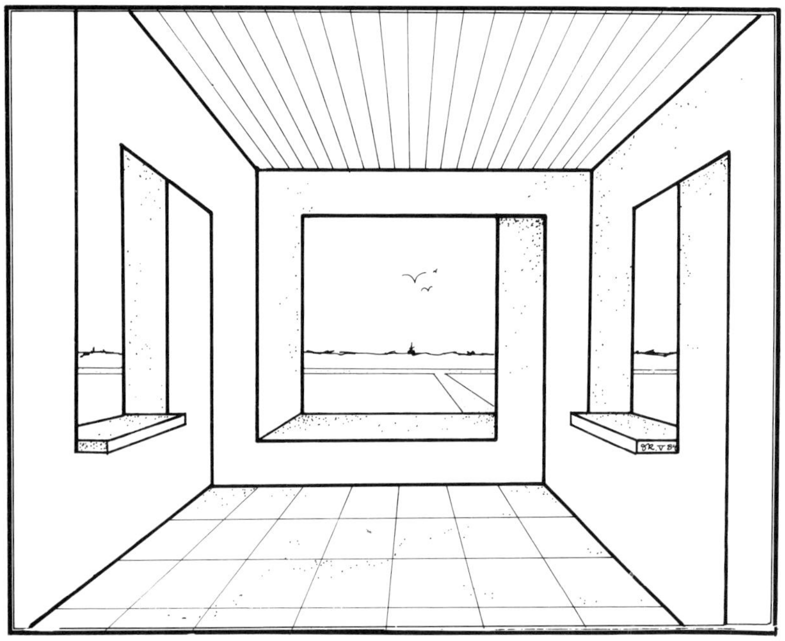

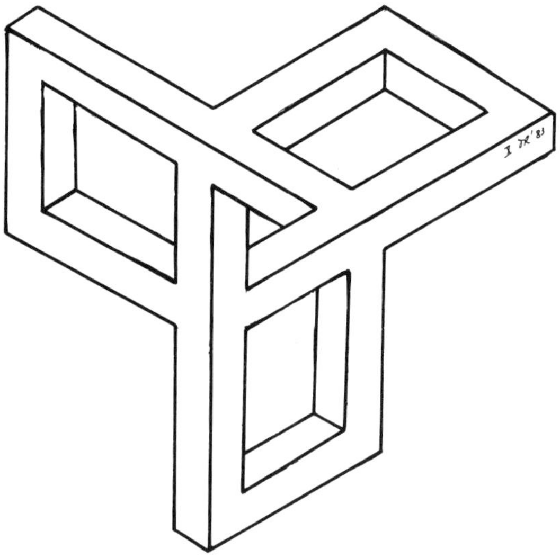

Mitte und unten:
Merkwürdige Zimmer.

Unmögliche Rahmen mit parallelen Balken

Die erste Abbildung stellt einen normalen Rahmen dar, wie wir ihn auch sehen würden, wenn er sich links von uns befände.
Achten wir auf die Ecken, dann zeigt sich, daß sie alle vier eine andere Form haben (numeriert von 1 bis 4). Diesen Rahmen bezeichnen wir mit (1234). Nun ist es möglich, mit Hilfe dieser Eckformen andere Vier-Balken-Konstruktionen zusammenzusetzen. Weil das AUGE in manchen Eckkombinationen widersprüchliche räumliche Angaben entdeckt, befinden sich unter allen möglichen Kombinationen auch einige unmögliche Vier-Balken-Konstruktionen. Hier sind vier aufgezeichnet: eine mögliche, wobei es scheint, als würden wir mitten vor und dicht an dem Rahmen stehen, und drei unmögliche Vier-Balken-Konstruktionen.

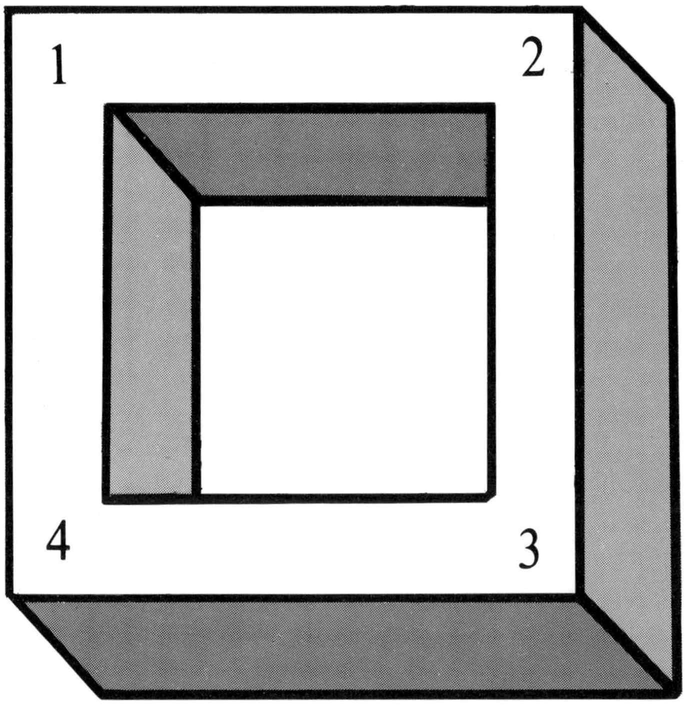

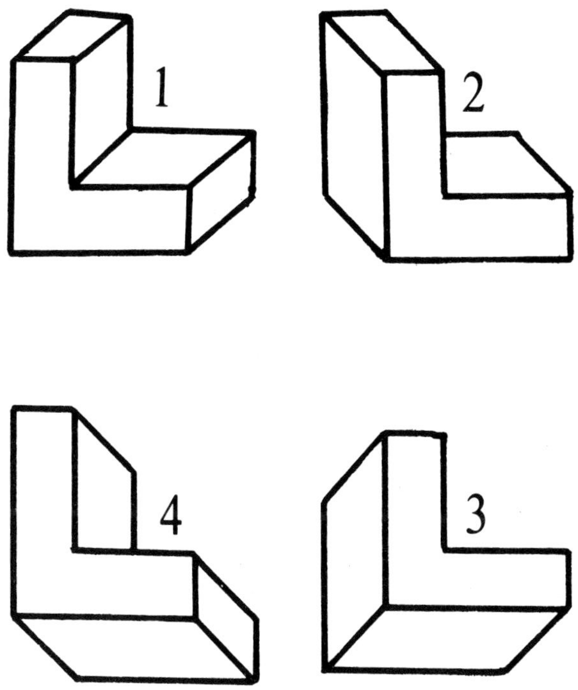

Unmögliche Viel-Balken-Konstruktionen

Es ist nicht schwierig, mehr als vier Balken auf eine unmögliche Weise aneinanderzufügen. Die Viel-Balken-Konstruktionen, die dann entstehen, sind jedoch als unmögliche Figuren aus zwei Gründen nicht so spektakulär wie die Drei-Balken- und die Vier-Balken-Konstruktionen.
Wenn in einer Figur rechte Ecken suggeriert werden (beispielsweise Balken, die senkrecht aufeinanderstehen), hat das AUGE einen sicheren Anhaltspunkt, um Richtungen im Raum zu bestimmen. Dabei wird auch ein Widerspruch in den Richtungsangaben deutlich hervortreten. Bei Viel-Balken-Konstruktionen haben die Ecken, in denen sich die Balken treffen, immer einen Winkel von mehr als neunzig Grad; dadurch wird die Richtungsangabe vager. Der zweite Grund betrifft die Komplexität der Figur: Je mehr Balken und Linien sie enthält, desto weniger fallen Widersprüche ins Auge. Der Aufbau der Viel-Balken-Konstruktionen ist allerdings einfach. Wir fügen die Standardeckformen problemlos in beliebiger Reihenfolge aneinander. Ein Beispiel dafür ist die nebenstehende Fünf-Balken-Konstruktion(13143).
Wenden wir für eine Sechs-Balken-Konstruktion die Reihenfolge(444444) an und betrachten sie dann im Uhrzeigersinn, fällt auf, daß sich jeder folgende Balken etwas weiter von uns entfernt. Und doch endet die Sechs-Balken-Konstruktion wieder am Ausgangspunkt... Das ist zweifellos unmöglich.
Wir kommen kurz zurück auf eine unmögliche Zwei-Balken-Konstruktion. Die hier unten abgebildete (Eckreihenfolge: 44) wurde von Sandro del Prete in verschiedenen schönen Bildern dargestellt. Sie taucht auch in unmöglichen Alphabeten auf: Jeder Buchstabe ist eine unmögliche Viel-Balken-Konstruktion; für die runden Buchstabenformen ist die runde Zwei-Balken-Konstruktion bestens geeignet.

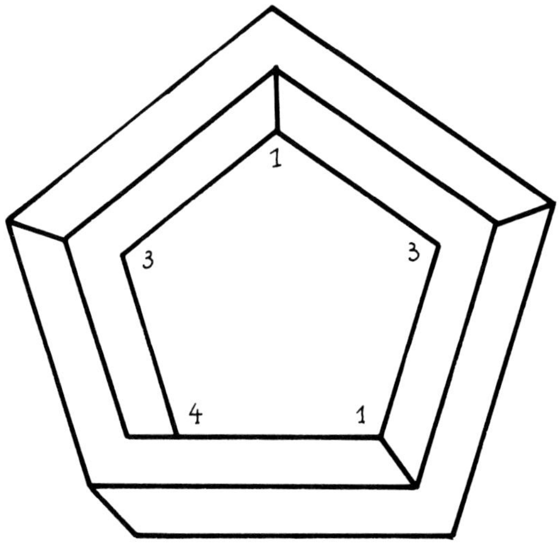

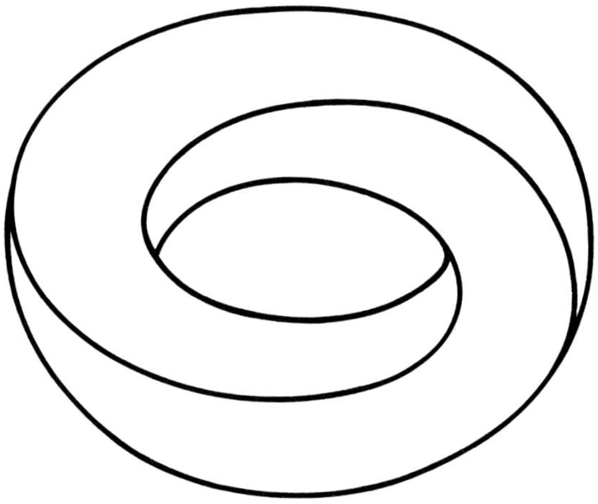

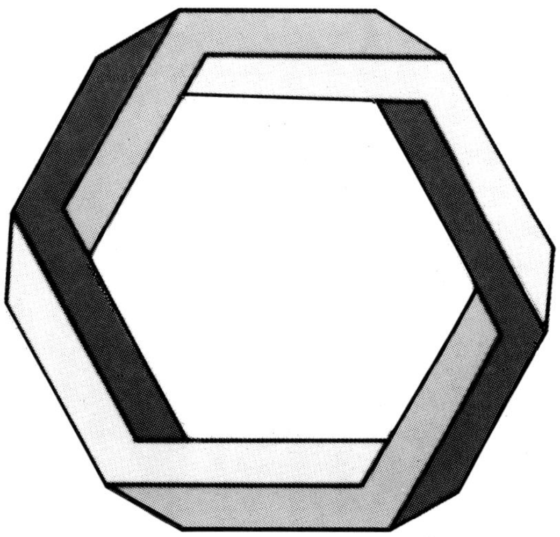

Joop van Bossum, Umlauf
Acryl auf Karton, 100 x 100 cm, 1986

Unmögliche Ein-Balken-Konstruktionen

Es wird vielleicht Verwunderung hervorrufen, daß auch unmögliche Ein-Balken-Konstruktionen existieren.
Ein auf der Hand liegendes Beispiel, das jedoch wenig spektakulär erscheint, weil es „kaum wirkt", ist nebenstehend abgebildet. Das AUGE signalisiert jedoch selten, daß es sich um etwas Suspektes handelt. Die meisten Menschen sehen sie als Balken, der an den Enden schräg abgesägt ist, so daß beide Kopfseiten entweder sichtbar werden oder abgewendet sind. In zusammengesetzten Figuren kann eine derartige Ein-Balken-Konstruktion wie eine unmögliche Figur wirken. Wir werden noch Beispiele dafür zeigen.
Eine interessante Ein-Balken-Konstruktion wurde von Zenon Kulpa gezeichnet. Auf den ersten Blick scheinen es zwei Balken zu sein. Es zeigt sich jedoch, daß der rechte Balken aus der Seitenkante des linken Balkens und dessen Schatten besteht. Folglich gibt es keinen zweiten Balken! Vielleicht müssen wir von einer Anderthalb-Balken-Konstruktion sprechen.

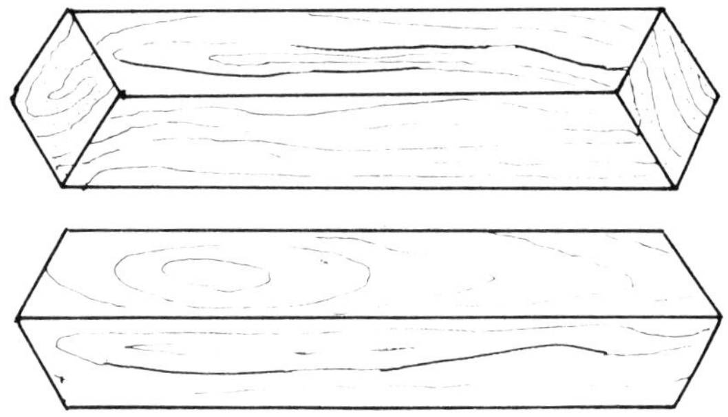

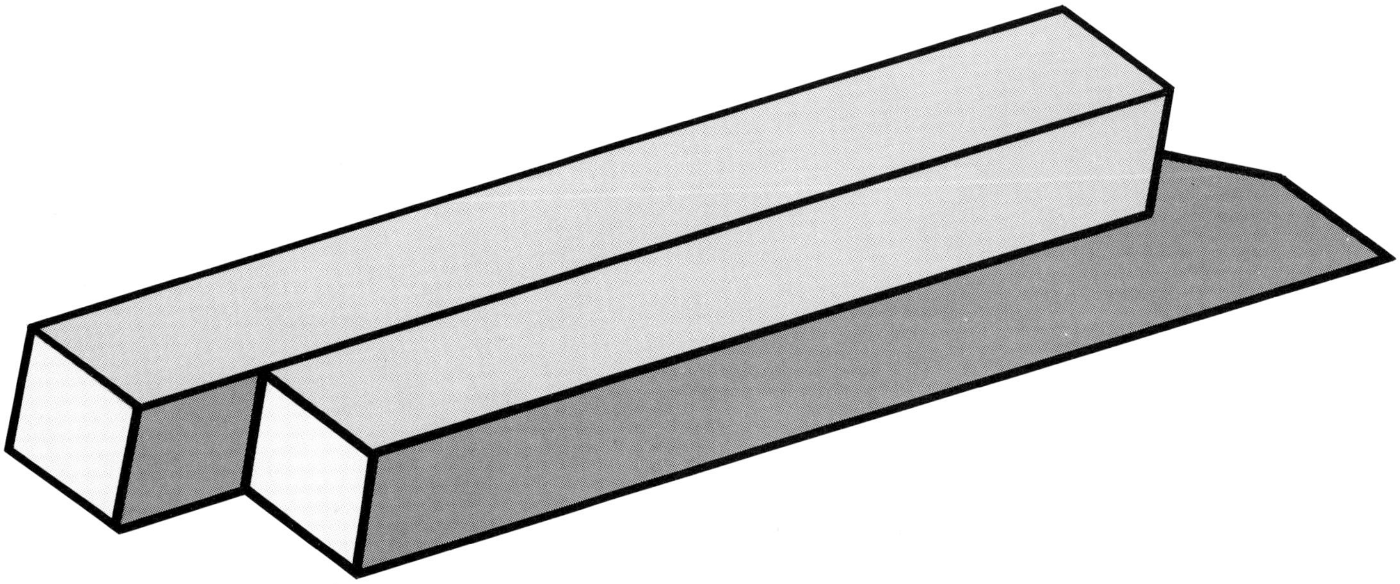

Durch geschlossene Türen hereinkommen

In der Figur auf der nebenstehenden Seite hängt die Unmöglichkeit eines Balkens von den beiden anderen ab. Das AUGE folgert: Der mittlere Balken liegt über dem unteren und unter dem oberen. Aber gleichzeitig stellt es fest, daß die beiden Balken aneinanderstoßen; es ist überhaupt kein Zwischenraum für den mittleren Balken vorhanden. Ein Märchen wird Wirklichkeit: durch geschlossene Türen hereinkommen!

Rechts:
Der querliegende Balken scheint in den unteren eingelassen – und doch wiederum nicht; denn sonst dürfte seine rechte Seite nicht in Gänze sichtbar sein.

3. Räumliche Angaben

Eine unmögliche Figur existiert, hinsichtlich des „inputs“, aufgrund widersprüchlicher räumlicher Angaben. Auf den vorhergehenden Seiten haben wir bereits drei verschiedene räumliche Angaben kennengelernt:

1. die Kontinuität von Flächen,
2. Verdeckung und Verbindung von Flächen,
3. Ausrichtung von Flächen.

Auf die Kontinuität von Flächen gehen wir im folgenden Kapitel ausführlicher ein; in diesem Kapitel wird aus dem Kontext deutlich, was damit gemeint ist.

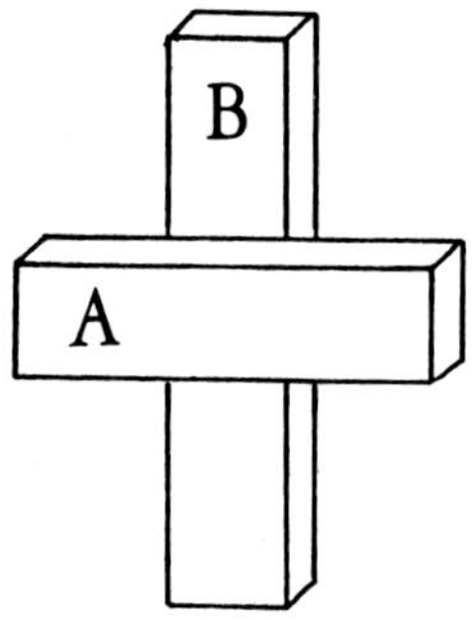

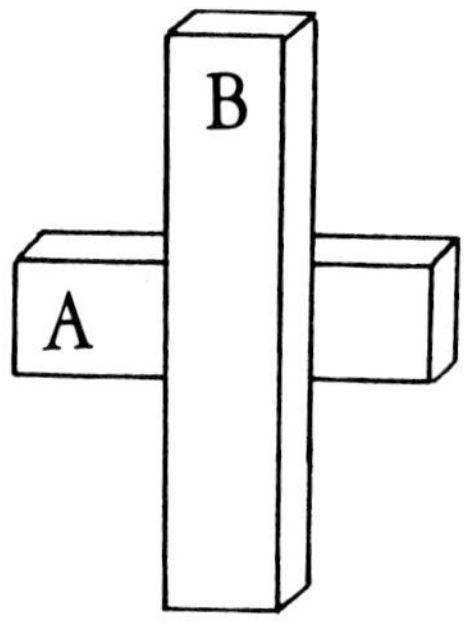

Verdeckung und Verbindung

Die gekreuzten Balken geben ein Beispiel für die räumliche Angabe, die aus Verdeckung und Verbindung zu schließen ist.
Im ersten Fall liegt A vor B, weil B teilweise von A verdeckt wird. Im zweiten Fall ist es umgekehrt, während im dritten Fall A und B gleich weit von uns entfernt sind, was wir an der Verbindung von A und B erkennen.
Wie bedeutsam diese räumliche Angabe ist, veranschaulicht die Abbildung „Kubus und Leiter“. Der untere Teil der Leiter steht innerhalb des Kubus, sie endet jedoch außerhalb. Ein unmöglicher Fall; er entsteht dadurch, daß die Leiter vor die Oberseite des Kubus gezeichnet wurde.

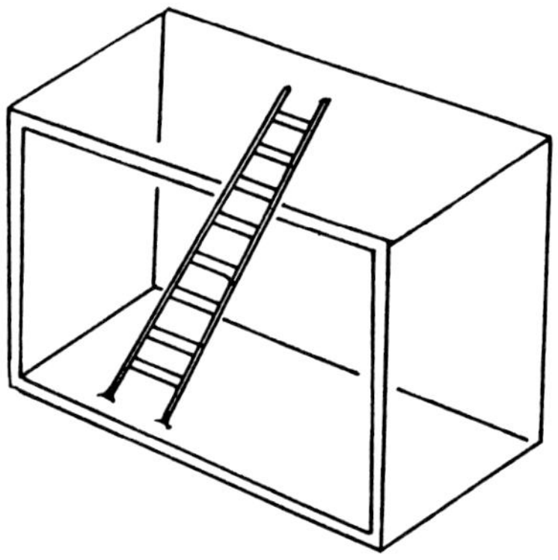

Innerhalb des Rahmens (Abb. unten) sind zwei senkrecht aufeinanderstehende Balken angebracht. Sie müßten sich in der Mitte schneiden. Wenn jedoch einer der Balken oberhalb des anderen verläuft, entsteht eine unmögliche Figur. Einerseits müssen wir der Angabe folgen, daß der eine Balken den anderen teilweise verbirgt, so daß im Zentrum der eine Balken oberhalb des anderen liegt. Andererseits enthält die Figur die Angabe, daß sich die Oberseite aller Balken auf derselben Ebene befindet (Kontinuität von Flächen!).
Der Effekt kann mit anderen dreidimensionalen Angaben noch verstärkt werden. Bei dem unmöglichen „Sandwich“ (nebenstehende Seite), dessen drei Flächen übereinander- und gleichzeitig auf derselben Ebene liegen, sind es nicht allein Verdeckungen, die den Niveauunterschied suggerieren, sondern auch die Lage der linken Eckpunkte, die senkrecht übereinander angeordnet sind. Natürlich sind viele Varianten der beiden letzten Figuren möglich, wenn wir unmögliche Vier-Balken-Konstruktionen (aus Kapitel 2) als Ausgangspunkt für die Rahmen verwenden.

Ausrichtung

Ein Kubus oder ein Balken legt drei senkrecht aufeinanderstehende Richtungen im Raum fest. Noch etwas deutlicher wird dies in Zeichnungen von Eckformen, bei denen zwei oder drei Balken senkrecht aufeinanderstehen. Das AUGE hält diese Ausrichtung auch für andere Teile des Netzhautbildes fest. Unten sind drei Drei-Balken-Konstruktionen aufgezeichnet. Die erste ist „normal“; es besteht kein Widerspruch zwischen der Verdeckung und der Ausrichtung, die durch die Eckform bestimmt ist. Die zweite ist unmöglich; Ausrichtung und Verdeckung stehen im Widerspruch zueinander. Die dritte ist ebenfalls unmöglich, da die Verbindung im Widerspruch zur Ausrichtung steht.

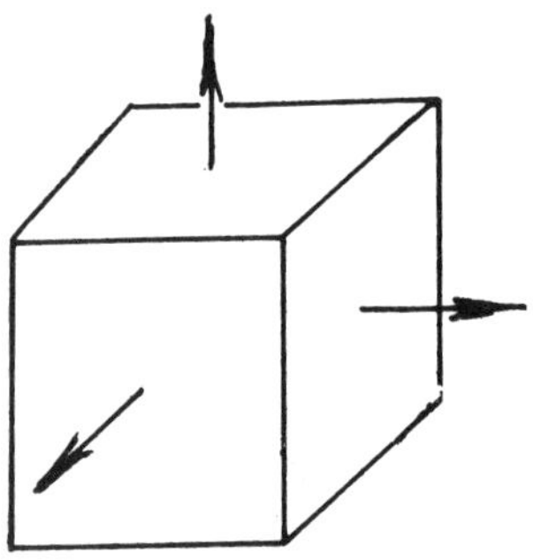

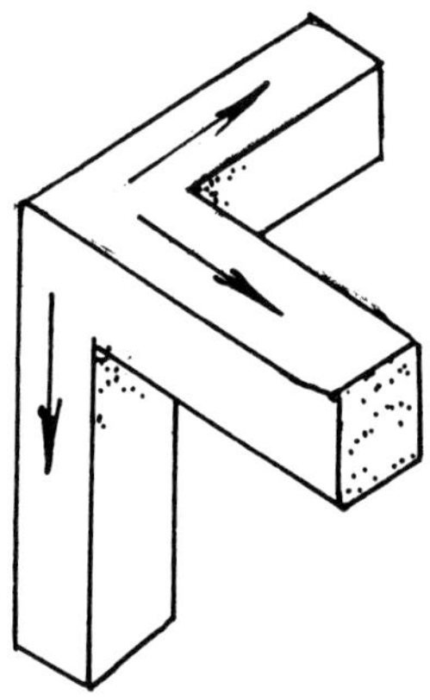

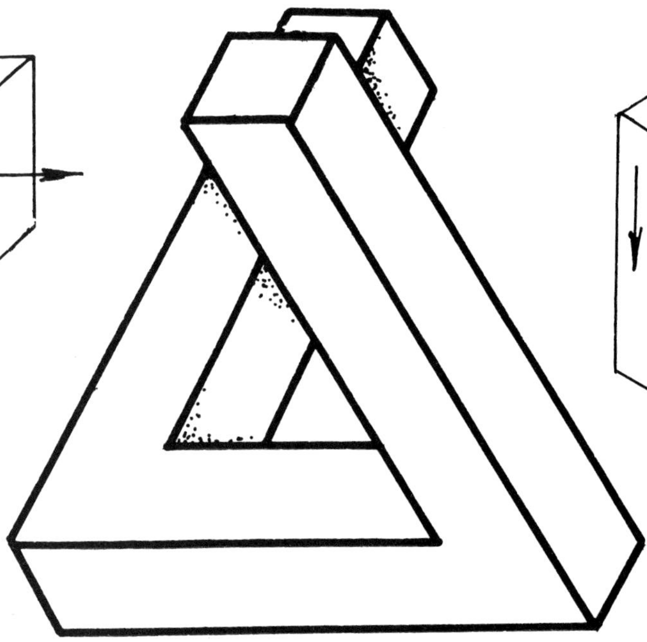

Normal

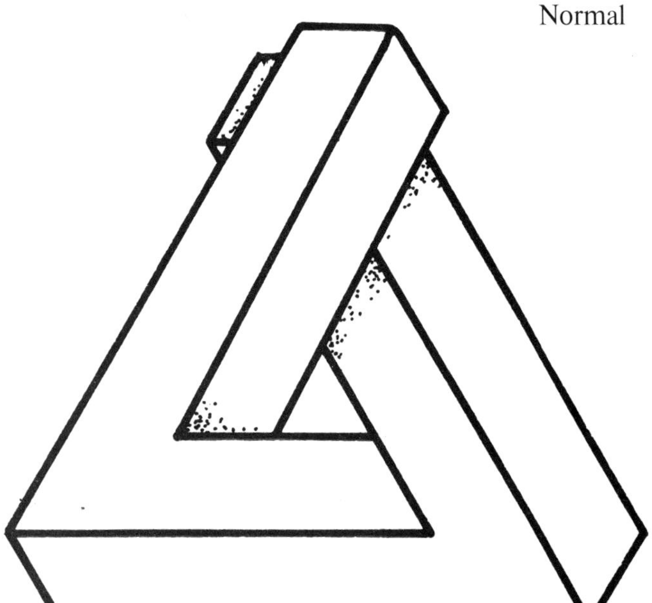

Unmöglich

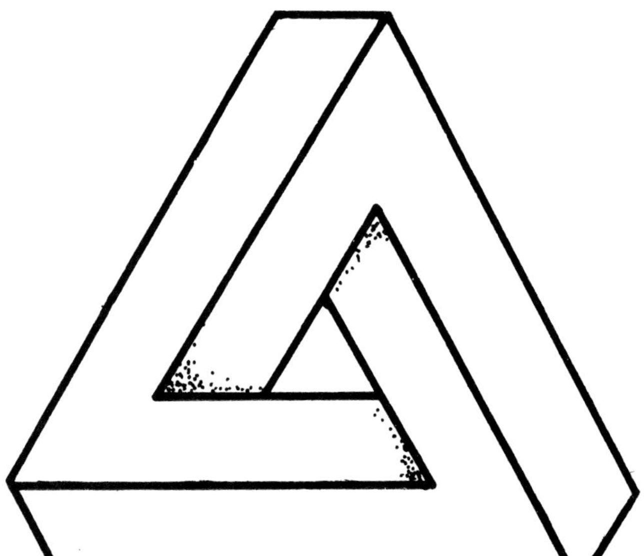

Unmögliche Drei-Balken-Konstruktion

4. Inversion

Fig. 1

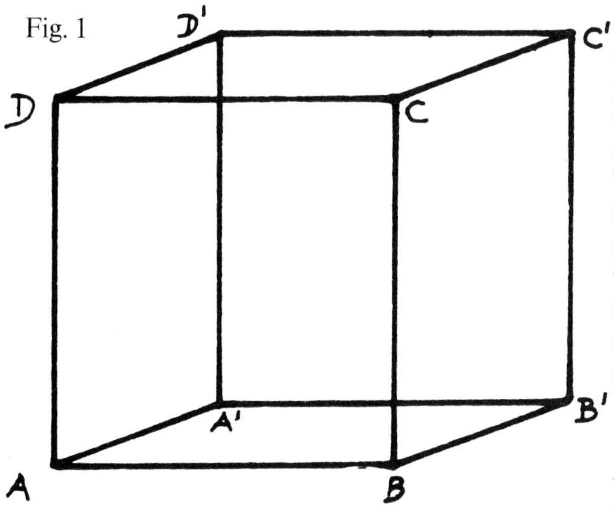

Bevor wir weitere Arten unmöglicher Figuren, unmögliche Kuben, unmögliche Treppen und so weiter, vorstellen, sollen Sie zunächst eine andere Figurenart kennenlernen, die das AUGE in unserer normalen Umgebung ebenfalls selten zu verarbeiten hat. Es sind die sogenannten ambiguen (dualistischen) Figuren. Das AUGE liefert dabei zwei oder mehrere räumliche Interpretationen. Das Ergebnis der Informationsverarbeitung ist hier: Es ist solch ein Ding oder ein anderes. Obwohl sich beide Dinge unterscheiden, besteht kein Gegensatz. Bei einer unmöglichen Figur ist das Resultat: Es ist solch ein Ding und zugleich ein anderes.

Inversion und Ausrichtungsveränderung

Der Begriff „Inversion" als Bildtransformation hat verschiedene Bedeutungen. In der Mathematik hat er eine andere Bedeutung als beispielsweise in der Optik (Pseudokopie). Hier geben wir dem Begriff einen wesentlich begrenzteren Inhalt und wenden ihn nur auf die Zeichnung eines Kubus an. Die erste Abbildung (Fig. 1) zeigt die zwölf Kanten eines Kubus (der Necker-Kubus). Betrachten wir das Punktpaar A und A', dann zeigt sich, daß wir nicht herausfinden können, ob A oder A' weiter von uns entfernt ist. Dasselbe gilt für die anderen Punktpaare (B und B').
Unser AUGE scheint abwechselnd zwei verschiedene räumliche Kuben aus dieser Figur aufzubauen: einen, bei dem die Fläche ABCD näher liegt als A'B'C'D', und einen, bei dem es genau umgekehrt ist.
In den Figuren 2 und 3 sind die beiden Möglichkeiten durch Hinzufügung zusätzlicher räumlicher Angaben festgelegt. Bei der Betrachtung des Necker-Kubus sehen wir einmal die zweite Figur, die nach kurzer Zeit in die dritte Figur umschlägt, dann wieder in die zweite und so weiter.
Den Übergang von A näher als A' zu A weiter entfernt als A' nennen wir (perzeptive) Inversion. Die zweite Figur nennen wir die inverse Figur von der dritten und umgekehrt.

Fig. 2

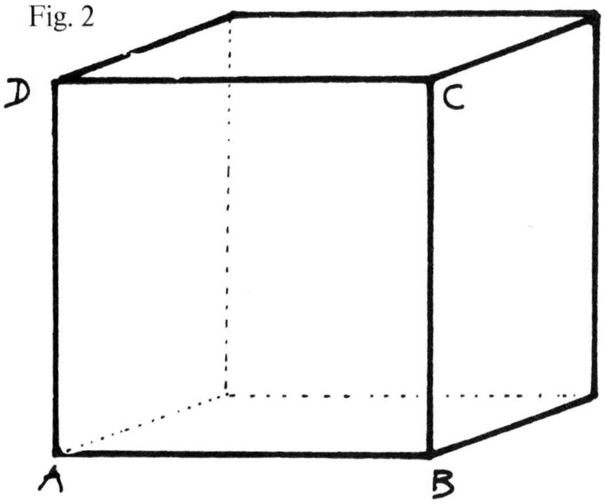

Fig. 3

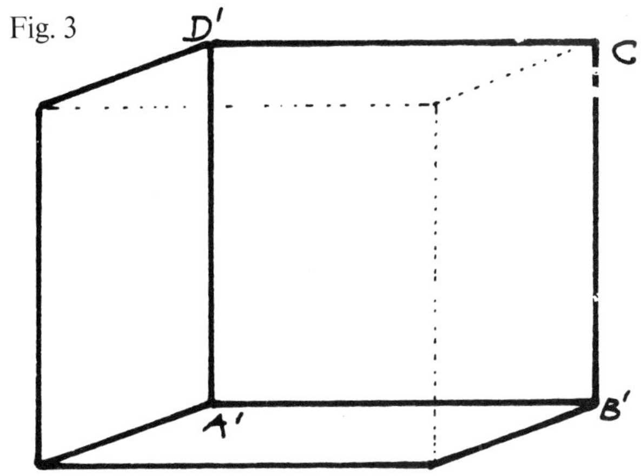

Wenn wir den Necker-Kubus betrachten, fällt uns die Veränderung des relativen Abstandes von ABCD bzw. A'B'C'D' nicht sofort auf. Jedoch bemerkt man sofort, daß beide Kuben eine völlig unterschiedliche Ausrichtung im Raum haben. So scheinen AD und A'D' einander zu kreuzen, während sie in der Zeichnung parallel zueinander verlaufen. Das Perzeptionsphänomen *Inversion* möchte ich demnach folgendermaßen präzisieren: Auf dem Netzhautbild haben alle Linien dieselbe Richtung, aber sobald die Interpretation zu der inversen Figur wechselt, scheinen alle Linien (im Raum) die Richtung zu ändern.
Diese Ausrichtungsveränderung kann äußerst dramatisch sein, wie wir im weiteren noch sehen werden.

Die Abbildungen der Würfel auf der nebenstehenden Seite machen die Richtungsveränderung bei perzeptiver Inversion deutlich. Die Illustrationen sind nach zwei Photos angefertigt worden, welche von derselben Formation, aber von verschiedenen Standpunkten aus aufgenommen wurden. Der linke Kubus wurde gegen eine Mauer gestellt; auf die Mauer und die Grundfläche wurden Vierecke gezeichnet, die ebenso groß wie die Flächen des Kubus sind. Die zweite Abbildung zeigt deutlich die unterschiedliche Ausrichtung der Kuben.

Paar 1

In welchem Winkel wir eine Kante des Kubus bei der Inversion springen sehen, hängt von der Position ab, in welcher der Kubus gezeichnet ist. Bei dem ersten Paar ist dieser Winkel nur gering, bei dem zweiten (das mit den Würfeln übereinstimmt) ist dieser maximal.

Wie groß der Winkel ist, können Sie vielleicht aus der Abbildung unten schließen. Die Diagonale des oberen Quadrates wird als ebenso lang angesehen wie die Seite AB des Quadrates. Rechts ist der Durchschnitt der Kuben aufgezeichnet (durch AB und senkrecht auf der gezeichneten Fläche). Die Seiten des Dreiecks ABC sind 1, $\sqrt{2}$ und $\sqrt{3}$. Daraus berechnen wir, daß Winkel $B_1 = 54{,}7°$ ist. Aus $AM = BM$ folgern wir, daß Winkel B_2 auch $54{,}7°$ ist. Das heißt, daß der Winkel, den AB und BD miteinander bilden, $109{,}4°$ beträgt.

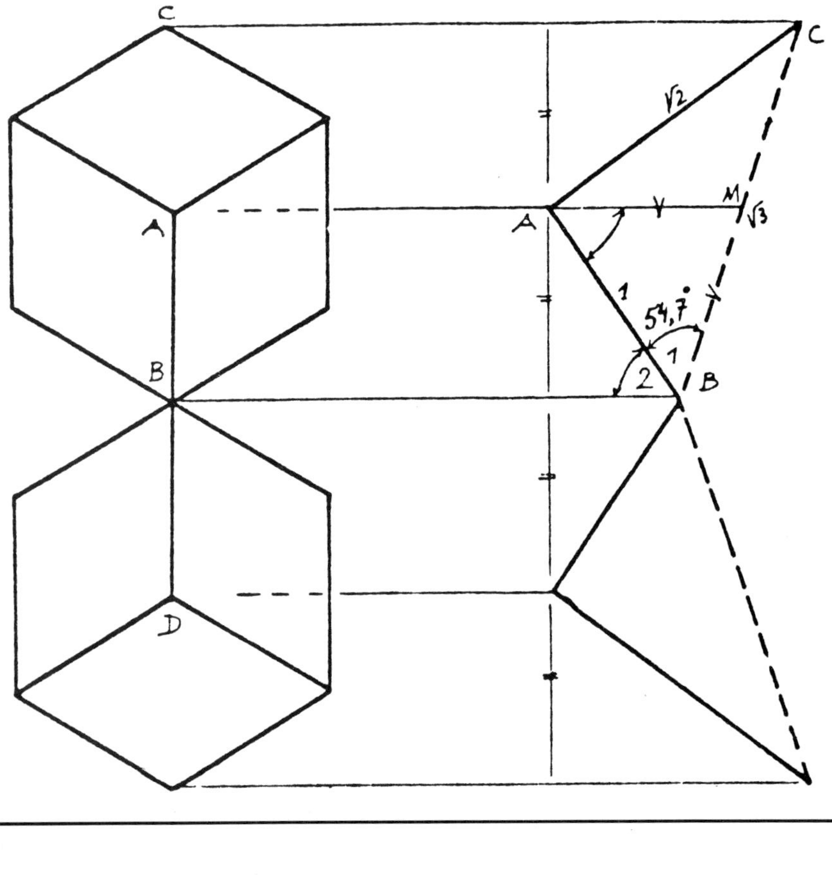

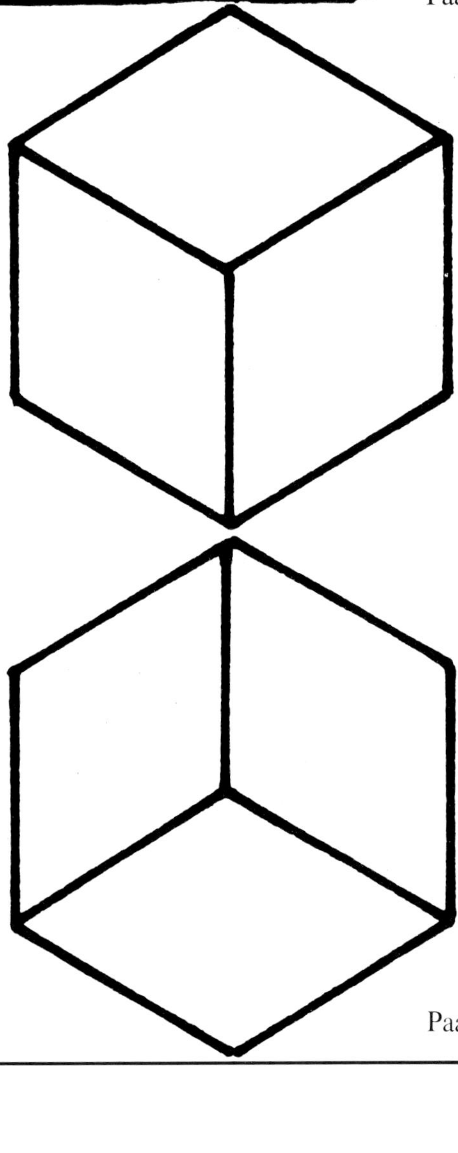

Paar 2

Innen- und Außenfläche

Die Begriffe „Innenfläche“ und „Außenfläche“ können auf die beiden räumlichen Formen, die der Necker-Kubus suggeriert, nicht angewendet werden. Wir sehen immer sowohl die Innen- als auch die Außenseite des Kubus. Dies ändert sich, wenn wir drei Kanten, die in der Mitte der Figur oder in deren Nähe zusammenlaufen, weglassen (wie zum Beispiel bei der nebenstehenden Abb. oben). Eine derartige Figur ruft auch zwei inverse räumliche Formen in uns hervor: eine, bei der wir die Außenseite eines Kubus sehen, und eine andere, bei der wir lediglich drei Flächen an der Innenseite erkennen.
Die meisten Menschen sehen zuerst die geschlossene Form, während sie mit der inversen Form etwas Mühe haben, solange sie nicht durch zusätzliche räumliche Angaben näher bestimmt wird.
Der nebenstehende, mit Band und Schleife versehene Kubus verwehrt durch den Eindruck des Verpacktseins den Einblick in die offene Form fast ganz. Es ist erstaunlich, welchen räumlichen Informationswert ein so kleines dekoratives Detail wie die Schleife besitzt.

In der unteren Abbildung (vergleiche mit den Würfeln auf Seite 37) sind die zwei (unvollständigen) Zeichnungen der Kuben zu einer Figur aneinandergeschoben. Dies ist ein schönes Testbild, um nachzuvollziehen, wie die Interpretationen der linken Hälfte (A) die der rechten Hälfte (B) beeinflussen. Die gesamte Figur ermöglicht vier verschiedene räumliche Interpretationen, die wir folgendermaßen beschreiben können:
1. A geöffnet + B geöffnet,
2. A geöffnet + B geschlossen,
3. A geschlossen + B geöffnet,
4. A geschlossen + B geschlossen.

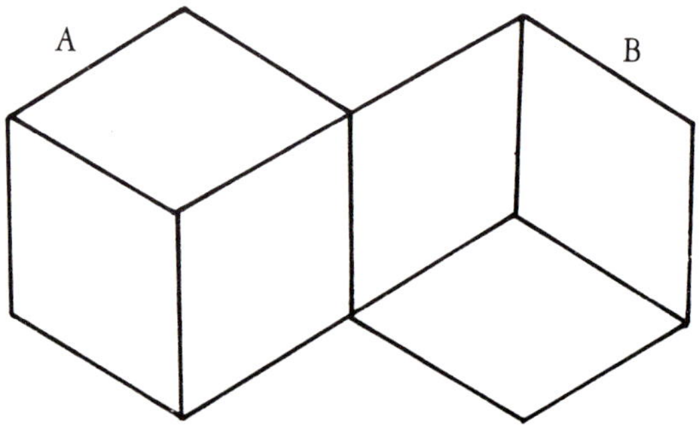

Wir können nun einige Fragen untersuchen wie:
– Welche Interpretation wird zuerst gesehen?
– Welche Umkehrungen finden spontan statt und welche nur mit Mühe?
– Ist die Ausrichtung dominant? Oder anders ausgedrückt: Wenn sich bei der einen Hälfte eine bestimmte Ausrichtung zeigt, setzt sich diese dann problemlos in der anderen Hälfte fort?
Ich selbst sehe Möglichkeit 4 am schnellsten. Für mich ist demnach die geschlossene Form dominant, dann folgt 2 und danach 3. Möglichkeit 1 sehe ich nur mit großer Mühe. Weiterhin ist noch nachzuprüfen, welchen Einfluß die Hinzufügung von Schatten oder Details auf die Interpretation hat. Die Augen auf den Würfeln (Seite 37) beispielsweise machen die Interpretationen 1, 2 und 3 nahezu unmöglich.

Rechts:
Monika Buch, Scheinkubus
Acryl auf Karton

Zwei Ausrichtungen im Widerstreit

Bis jetzt haben wir noch nicht über unmögliche Figuren gesprochen. Die beiden inversen Formen, die wir bei der Betrachtung des Necker-Kubus wahrnehmen, schließen einander aus. Wir sehen abwechselnd die eine und dann die andere ausgerichtete Form.
Es stellt sich nun die Frage, ob es möglich ist, einen unvollständigen Kubus (von dem neun Kanten aufgezeichnet sind) *gleichzeitig* geöffnet und geschlossen zu sehen.
Wir versuchen dies zu erreichen, indem wir Details hinzufügen, die auf der einen Fläche die eine Ausrichtung akzentuieren und auf der anderen die zweite. Die Abbildung auf der nebenstehenden Seite unten zeigt einen derartigen Versuch.
Handelt es sich um eine unmögliche Figur? Ich bezweifle es. Es entsteht kein *Gesamtbild.* Betrachten wir den Kubus von der linken Seite aus, dann ist er geschlossen, und das Fenster an der rechten Seite wird als ein nicht dazugehöriges Anhängsel ignoriert.
Wenn wir ihn von rechts aus betrachten, können wir mit einiger Anstrengung einen geöffneten Kubus sehen; aber den Blick nach links wendend, geschieht etwas anderes: Der Kubus wechselt zu seiner geschlossenen Form. Offensichtlich ist die geschlossene Form in diesem Fall dominant.

Der zentrale Teil von Eschers Bild „Konkav und Konvex" (nebenstehend) besitzt einen derartigen Aufbau. Auch wenn er in dieser Weise aus dem Bild hervorgehoben wird, entsteht keine stabile unmögliche Figur. Es geschieht dasselbe, was ich soeben beschrieben habe. Die Absicht von Escher bestand gerade darin, dafür zu sorgen, daß die Ausrichtung, der der Betrachter von links nach rechts blickend folgt, gleichsam ruckweise, „fühlbar", umschlägt. „Konkav und Konvex" läßt die Inversion als eine Bewegung erfahren, nicht als einen statischen Konflikt. Mit dem eher abstrakten Gegenstück zu „Konkav und Konvex", der Lithographie „Würfel mit magischen Bändern", verhält es sich ebenso. Doch geben wir es nicht auf.

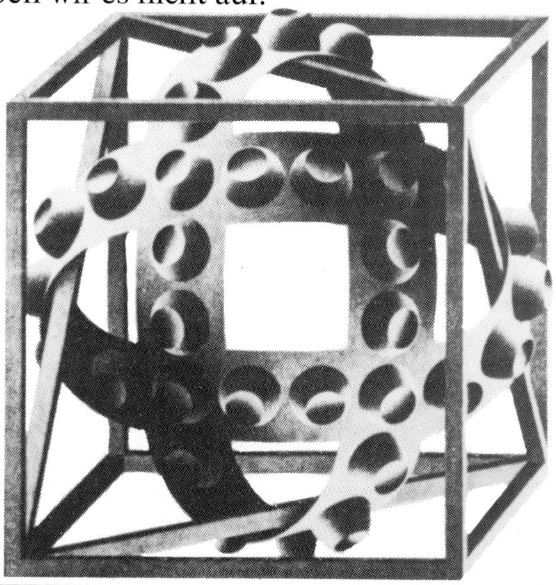

Würfel mit magischen Bändern von M.C. Escher (1957).

Der Mittelteil der Lithographie *Konkav und Konvex* von Escher (1955).

Zwei Ausrichtungen im Widerstreit.

Die erste Figur ist ein Balken (quadratischer Durchschnitt), bei dem die Ausrichtungen der linken und der rechten Seite einander entgegengesetzt sind (siehe die geschlossenen Kuben darunter). Aber niemand „glaubt“ das: Unser AUGE macht daraus einen Balken, der an beiden Seiten *schräg* abgeschnitten ist ... nichts Unmögliches!

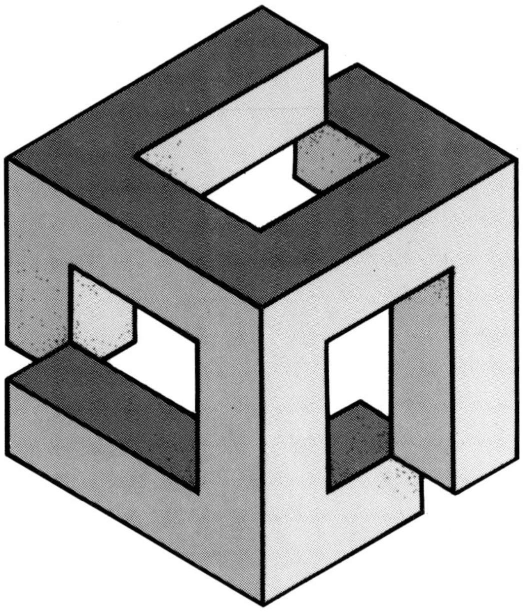

Nun gehen wir etwas subtiler ans Werk und fügen den Enden des Balkens etwas hinzu, das zur Wahrnehmung verschieden ausgerichteter Kuben zwingt (Fig. 2). Dies ist meiner Meinung nach eine echte unmögliche Figur. Beide Querbalken stehen senkrecht auf dem längeren Balken; die visuellen Angaben dafür sind überzeugend. Aber die Ausrichtung der Kuben, die in den Enden des langen Balkens verborgen sind, ist unterschiedlich. Auch dies ist überdeutlich. Beide visuellen Angaben stehen im Widerspruch zueinander, und das macht diese Figur zu einer unmöglichen Figur. Von A nach B wechselnd, verändert sich die Ausrichtung; wir müssen von einem Koordinationssystem zum anderen in derselben Figur, die sich als Einheit präsentiert, umschalten. Und genau danach suchten wir.
In der folgenden Figur (Fig. 3) haben wir die Ausrichtung zweimal verändert, und auch das ergibt eine unmögliche Figur. Schließlich haben wir aus dieser Figur einen geschlossenen Rahmen gebildet (Fig. 4, in Kapitel 2 begegneten wir bereits dieser Rahmenform). Es ist demnach durchaus möglich, eine unmögliche Figur zu konstruieren, bei der unser Vorstellungsvermögen dazu gezwungen wird, einander ausschließende Ausrichtungen in einer stabilen Form zu akzeptieren.
Manchmal können wir einer unmöglichen Figur, d.h. einer solchen, in der sich bereits ein Konflikt zwischen unvereinbaren räumlichen Angaben manifestiert, noch eine zusätzliche Merkwürdigkeit hinzufügen, indem wir dem AUGE eine Ausrichtungsveränderung aufzwingen.
Die Figuren oben rechts und auf der nebenstehenden Seite sind Beispiele dafür.

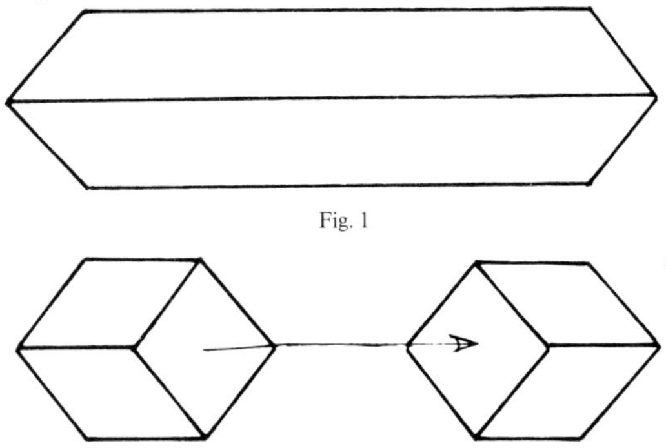

Fig. 1

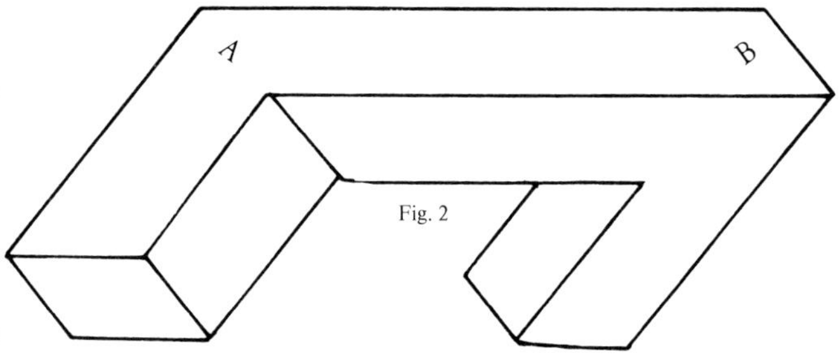

Fig. 2

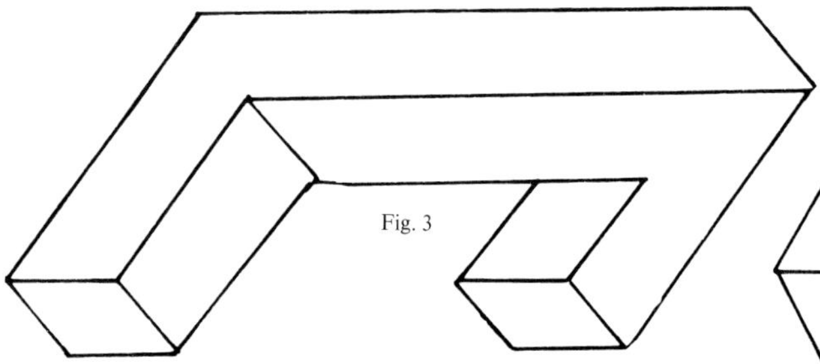

Fig. 3

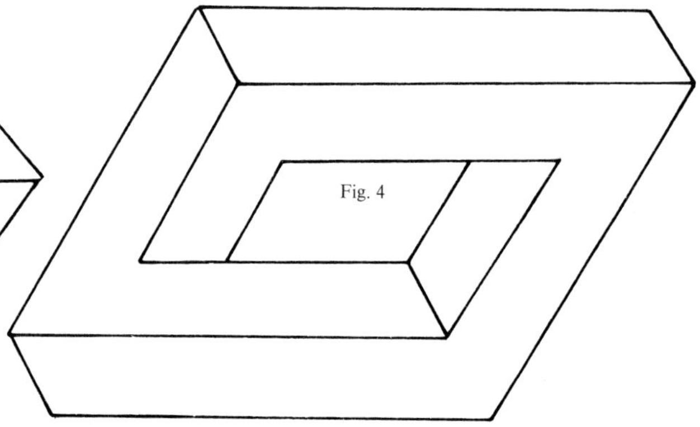

Fig. 4

Die Thiéry-Figur

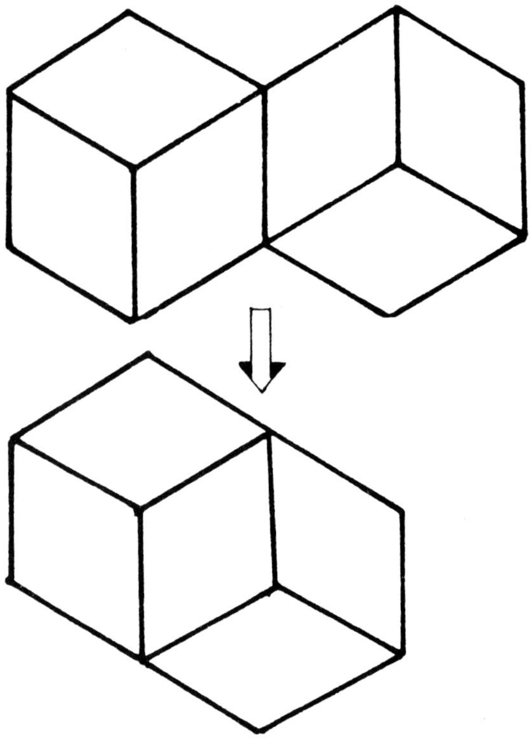

Wenn wir zwei Kuben ineinanderschieben, so daß sie eine gemeinsame Fläche haben (rechts), dann entsteht eine Figur, die am Ende des vorigen Jahrhunderts von A. Thiéry erfunden wurde. Es handelt sich dabei nicht um eine unmögliche Figur. Wir können sie als Testfigur für die Innen- und Außenansicht benutzen, und als solche war sie ursprünglich auch vorgesehen. Man kann jedoch noch viel mehr beobachten. Werden einige Linien hinzugefügt, gewinnt die Figur an Stabilität (siehe die Abbildung rechts unten). Diese Aussage ist an sich bereits merkwürdig, denn sie setzt voraus, daß die Trennungslinie zwischen instabilen Inversionsfiguren und stabilen unmöglichen Figuren nicht sehr scharf ist. Einige Künstler haben denn auch die Thiéry-Figur in vielen Variationen angewendet, um Illusionen zu wecken, die auf diesem Grenzgebiet liegen. Ein Beispiel für sehr stabile Formen finden wir in dem Doppelalphabet, das Tsuneo Taniuchi entwarf. Die Abbildung unten zeigt daraus die Buchstaben H, S und T. Das gesamte Alphabet ist abgedruckt in „Upper and Lower Case“ Band 10, Nr. 3, September 1983, *The International Journal of Typographics.*

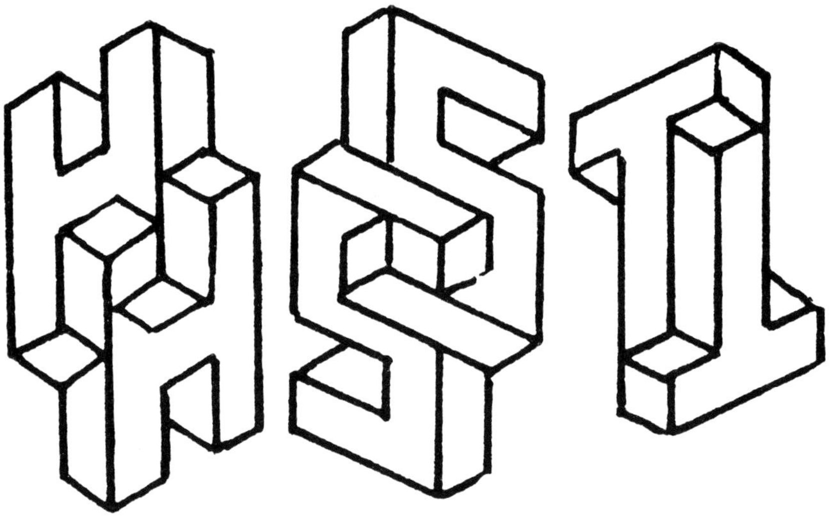

Man hat sich interessante räumliche Modelle von der Thiéry-Figur ausgedacht, die verhältnismäßig kompliziert sind. Weniger bekannt ist eine besonders einfache räumliche Form, die mir Prof. J. B. Deregowski gab. Es ist so etwas wie eine gekappte Pyramide. Auf der Seite 46 finden Sie für diese einen Modellbogen, der besser als eine perspektivische Skizze zeigt, wie dieser Gegenstand aufgebaut ist. In diesem Modellbogen fehlt noch die Grundfläche, aber diese können Sie hinterher problemlos ergänzen.

Monika Buch, Thiéry-Figur II
Acryl auf Karton, 60 x 60 cm, 1983

Ist es nicht merkwürdig, daß gerade eine so völlig normale räumliche Form nicht spontan bei der Betrachtung der Thiéry-Figur wahrgenommen wird? Wahrscheinlich spielt die Unsichtbarkeit der beiden stumpfwinkligen Dreiecke, welche die langen Seiten begrenzen, dabei eine Rolle, aber das „Hinzuphantasieren“ von unsichtbaren Flächen ist eigentlich nichts Ungewöhnliches für das AUGE.
Diese räumliche Figur besitzt noch die Besonderheit, daß sie, von verschiedenen Standpunkten aus gesehen, einige andere räumliche Figuren suggeriert. Das Photo und die Abbildungen unten zeigen einige von ihnen. Auf dem Photo steht der Gegenstand vor einem Spiegel, so daß zwei Ansichten zugleich gesehen werden können.

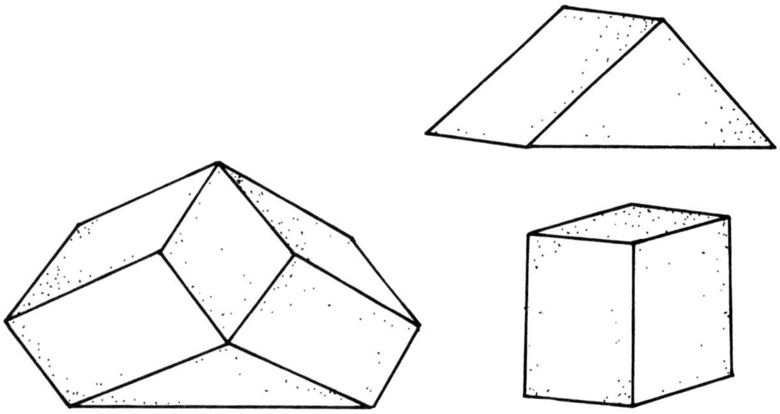

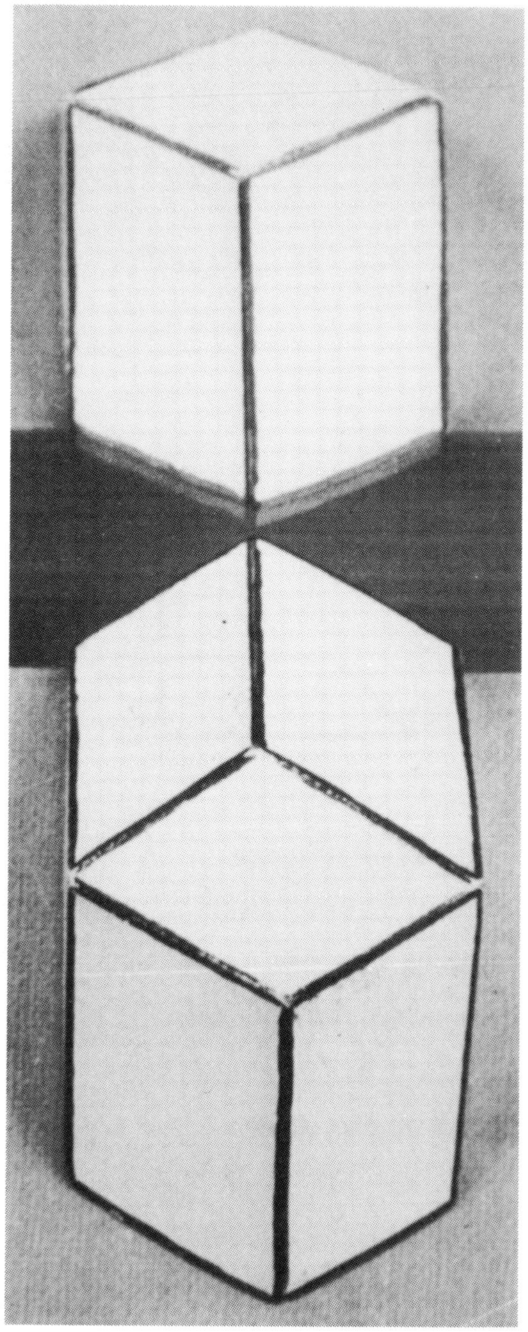

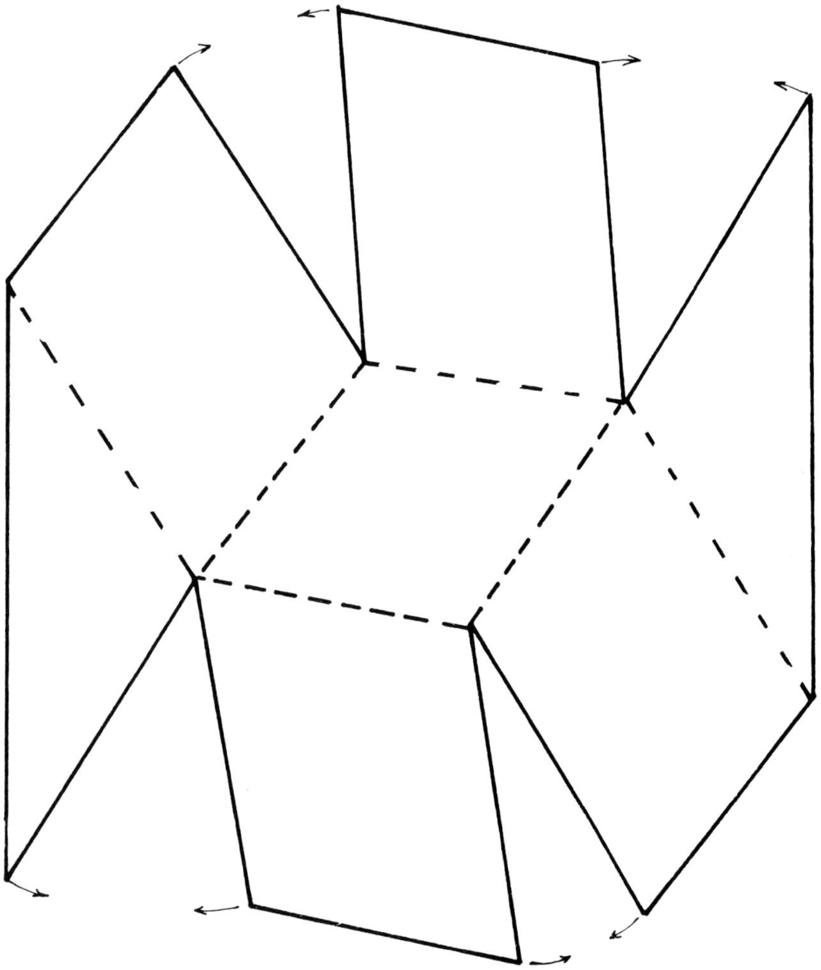

Links:
Modellbogen für eine räumliche Thiéry Figur.

Rechts:
Jos de Mey, Scheinkubus,
Öl auf Leinwand, 1977.

5. Kuboiden

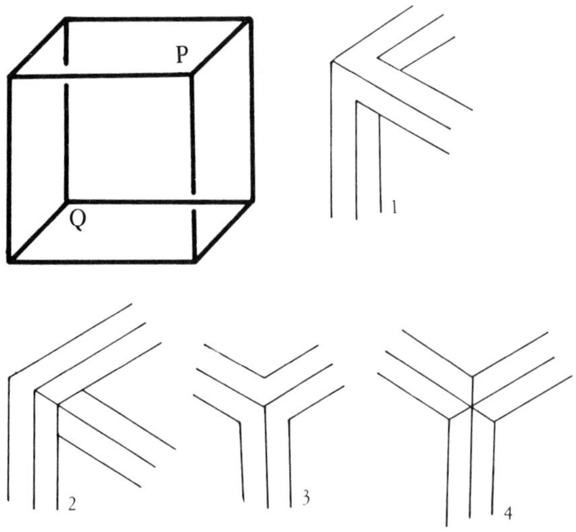

In Kapitel 2 bemerkten wir bei der Behandlung unmöglicher Viel-Balken-Konstruktionen, daß bei Gebilden aus mehreren Balken die Unmöglichkeit weniger auffällt und die unmögliche Figur deshalb an Wirkung verliert.
Konstruktionen mit mehr als drei Balken können jedoch durchaus eine übersichtliche unmögliche Figur darstellen, wenn das Gesamte eine Form suggeriert, die in dem Arsenal der uns bekannten Formen fest verankert ist. Beispiele dafür sind die Kuboiden, Zeichnungen, die einem Kubus ähneln. Sie verfügen über zwölf Kanten und acht Eckpunkte, an denen sich jeweils drei der sechs Seitenflächen senkrecht schneiden.

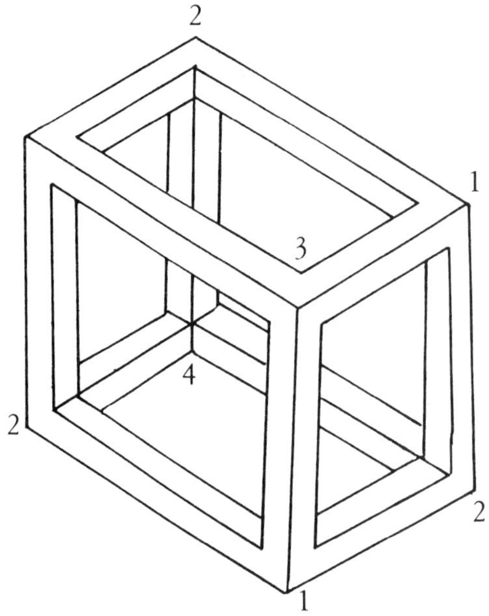

Verbotene Verdeckungen und Verbindungen

Wenn wir von einem Kubus nur die zwölf Kanten zeichnen, können wir die Zeichnung auf unterschiedliche Weise interpretieren. Zwei der Interpretationen sind normale Kuben (siehe Kapitel 4). Diese beiden Kubusinterpretationen können wir auch in einer Zeichnung (oben links) verarbeiten, indem wir „verbotene" Verdeckungen suggerieren. In dieser Zeichnung liegen P und Q gleich nah beim Betrachter, und das ist nicht möglich. Es ist folglich eine unmögliche Figur.
Wenn wir anstelle der Kanten echte Balken zeichnen, dann geben nicht allein die Überschneidungen (Verdeckungen) Angaben zur dreidimensionalen Ausrichtung, sondern auch die Form der Ecken, in der die drei Balken jeweils zusammentreffen. Wenn diese Angaben in Widerspruch zueinander stehen, entstehen ebenfalls unmögliche Figuren, auch wenn keine „verbotene" Überschneidung vorhanden ist.
Die Analyse zeigt, daß entlang des Umrisses nur zwei verschiedene Eckformen (1 und 2) möglich sind und ebenso zwei verschiedene Eckformen innerhalb der Figur (3 und 4). Bei einem möglichen Kubus wechseln sich die Eckformen 1 und 2 entlang des Umrisses ab, während im Innern eine Eckform 3 und eine Eckform 4 vorkommen. Wir zeichnen nun einen Kuboiden und benutzen dabei viermal Form 1 und zweimal Form 3 (siehe nebenstehende Seite). Dies ergibt einen der vielen unmöglichen Kuboiden. Er weist als zusätzliche Besonderheit auf, daß fast alle sichtbaren Flächen der Balken ein langes Band bilden.
Nebenbei weisen wir noch auf eine andere Kuboidenart hin, bei der die senkrechten Kanten verschiedene Längen haben. Die Abbildung rechts zeigt eines der vielen unmöglichen Exemplare.

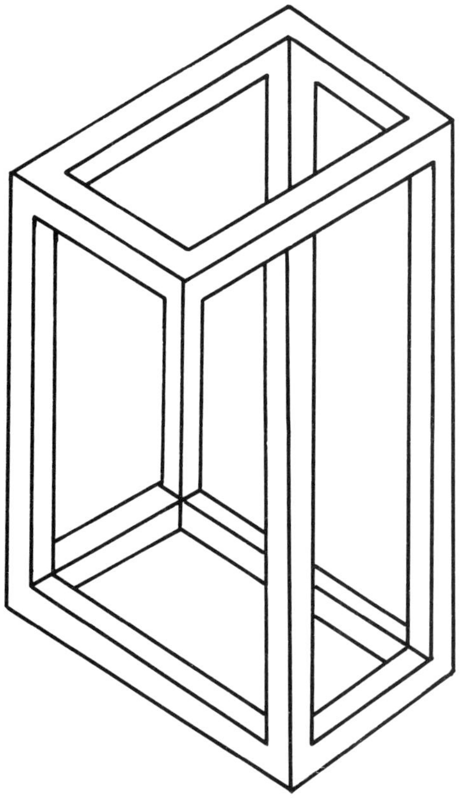

Das *Belvédère* von Escher

Mehrere Kuboiden in einer Abbildung sind nicht sehr wirkungsvoll. Das AUGE versucht, etwas daraus zu machen, aber wenn es mit zu vielen widersprüchlichen dreidimensionalen Angaben konfrontiert wird, ist das Ergebnis seiner Interpretation eine chaotische Anhäufung von Linien.
Durch Verstärkung oder Abschwächung der Widersprüchlichkeiten kann eine Zeichnung mit Hilfe sekundärer dreidimensionaler Angaben sehr interessant sowohl die Unmöglichkeit als auch die scheinbare Realität eines unmöglichen Kuboiden zum Ausdruck bringen.
Maurits Cornelis Escher war ein Meister dieser Kunst. Eine nähere Betrachtung seines Bildes „Belvédère"(1958) auf der nebenstehenden Seite zeigt, wie sorgfältig er einen unmöglichen Kuboiden gestaltete, um dessen Eigenschaften bestmöglich hervortreten zu lassen.
Es ist auffallend, daß der Kuboid selbst, der das Mittelteil des Belvédère bildet, kaum ausgeprägt ist. Die horizontalen Flächen sind lang und schmal, wodurch die beiden Eckpunkte innerhalb des Kuboiden nah an den äußeren Kanten liegen.

Dadurch entsteht in der Mitte ein relativ großer, offener Raum. Das erstaunlichste ist, daß der Punkt P unsichtbar ist und der Punkt Q kaum auffällt. Diese nach vorn ragenden Punkte sind einerseits die markantesten Teile des unmöglichen Kuboiden, andererseits sind sie auch die störendsten Elemente, um den Kuboiden als eine Realität zu akzeptieren. Escher führt die Abschwächung des Kuboidengerüstes noch weiter, indem er Arkaden in den oberen Teil und einen Zaun entlang des unteren zeichnet. Von dem Kuboiden bleibt dann relativ wenig übrig, wie die Abbildung rechts unten zeigt. Die massiven und detaillierten Kubusformen unten und oben verstärken die Realität des Baues. Zugleich betonen sie die Merkwürdigkeit der Unter- und Oberseite des Kuboiden. Es entsteht der Eindruck, daß sich Ober- und Unterseite senkrecht kreuzen. Dies wird zusätzlich verstärkt durch die Blickrichtung der Frau auf der oberen Etage und die des Mannes in dem Kuboiden. Um die Oberseite und Unterseite des Kuboiden miteinander zu verbinden, sind mindestens vier Pfeiler nötig, von denen die beiden äußersten niemals dazu beitragen können, die Unmöglichkeit des Kuboiden zu erkennen. Escher verwendete acht Pfeiler. Sechs von ihnen betonen die Unmöglichkeit. Damit gewinnt er mehr, als er durch die Tarnung der Eckpunkte verlor. Schließlich zeichnete er noch die Leiter als Verbindung zwischen oben und unten; sie weist die Absurdität auf, daß sie sowohl innerhalb als auch außerhalb des Kuboiden steht.
Kunsthistoriker haben dem Werk Eschers zunächst kaum Aufmerksamkeit geschenkt. Als seine Arbeiten populär wurden, kamen von ihrer Seite auch positive Kritiken.
Am Beispiel des Belvédère haben wir eine Vorstellung von der ausgetüftelten Art gewonnen, mit der Escher bei der Darstellung des Unmöglichen zu Werke ging.

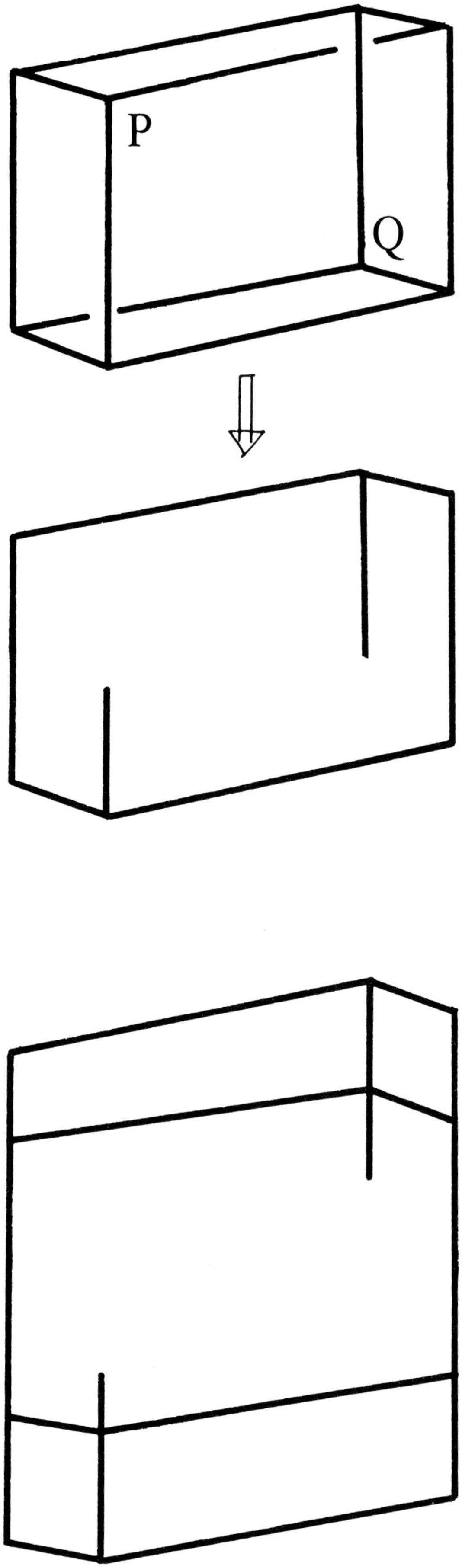

Man beachte auch das merkwürdige Personal auf Eschers *Belvédère*.

Kuboiden mit sonderbaren Verbindungen

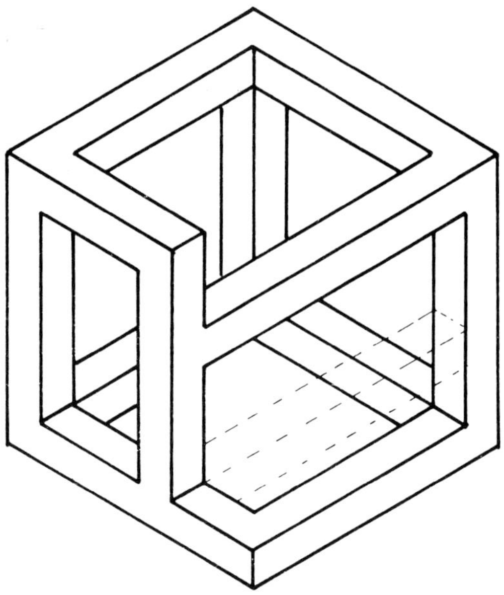

Die Kuboiden, die wir bis jetzt kennengelernt haben, sind dem ursprünglichen Kubus, bei dem alle Balken Eckpunkte miteinander verbinden, sehr ähnlich.
Wir können jedoch einige eingreifende Veränderungen vornehmen, ohne daß der Gesamteindruck eines Kubus verlorengeht. In den hier abgebildeten Beispielen sind die Eckpunkte mit einem beliebigen Teil eines Balkens verbunden (beispielsweise in der Mitte), zusätzlich wird mit Verdeckungen und Verbindungen gespielt. Wo normalerweise eine Verdeckung wäre, ist nun eine Verbindung vorhanden und umgekehrt. So entstehen viele unmögliche Drei- und Vier-Balken-Konstruktionen als Teilfiguren. Die hier dargestellten Beispiele führen zu endlos vielen Varianten, unter denen sich einige besonders interessante befinden.

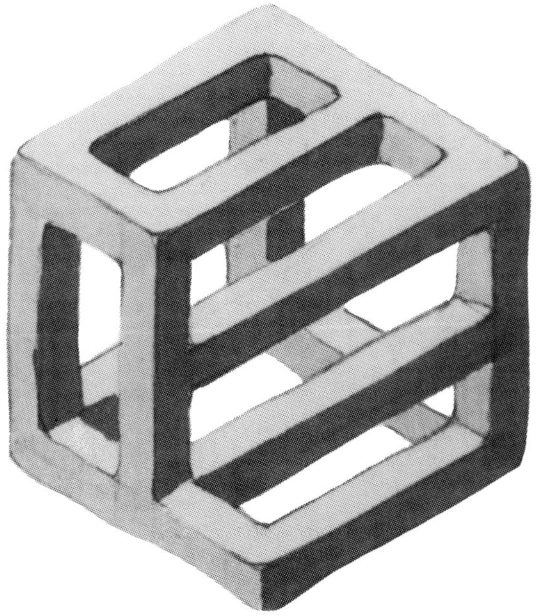

Unvollständige Kuben

Wenn wir drei der zwölf Balken eines Kubus weglassen, wie in der nebenstehenden Abbildung, läßt sich das AUGE nicht in die Irre führen. Es handelt sich um durchbrochene Balken, die senkrecht aufeinanderstehen. Es ist merkwürdig, daß gerade durch widersprüchliche Raumangaben eine solche Figur wieder als Kubusform interpretiert wird.
Im Kapitel 4 sahen wir dafür bereits einige Beispiele. Auf der rechten Seite folgt noch ein weiteres. Sie sind alle aus der ersten Figur abgeleitet, aber anstelle „korrekter“ Verbindungen wurden „nichtkorrekte“ Verdeckungen eingezeichnet. Außerdem kommen an manchen Stellen Ausrichtungsveränderungen bei ein und demselben Balken vor.

Rahmenkuboiden

Für diese Zeichnungen nahm ich als Ausgangspunkt einen normalen Rahmen. Innerhalb des Rahmens zeichnete ich eine andere dreidimensionale Figur, die mit seinen Eckpunkten und Mittelpunkten verbunden wurde. Dadurch entsteht (nicht so sehr beim Doppelrahmen) eine Spannung zwischen der Rahmenebene P, in der sich auch die innere Figur befinden müßte, und dem deutlichen Nach-vorne- und Nach-hinten-Herausragen der Figur innerhalb des Rahmens. Natürlich kann man auch von unmöglichen Rahmen ausgehen und dann dasselbe Verfahren anwenden.

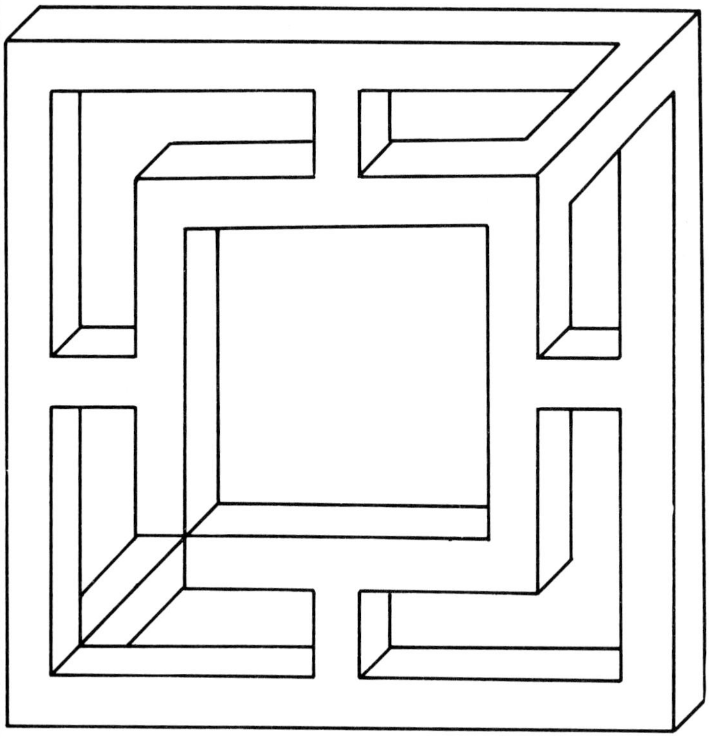

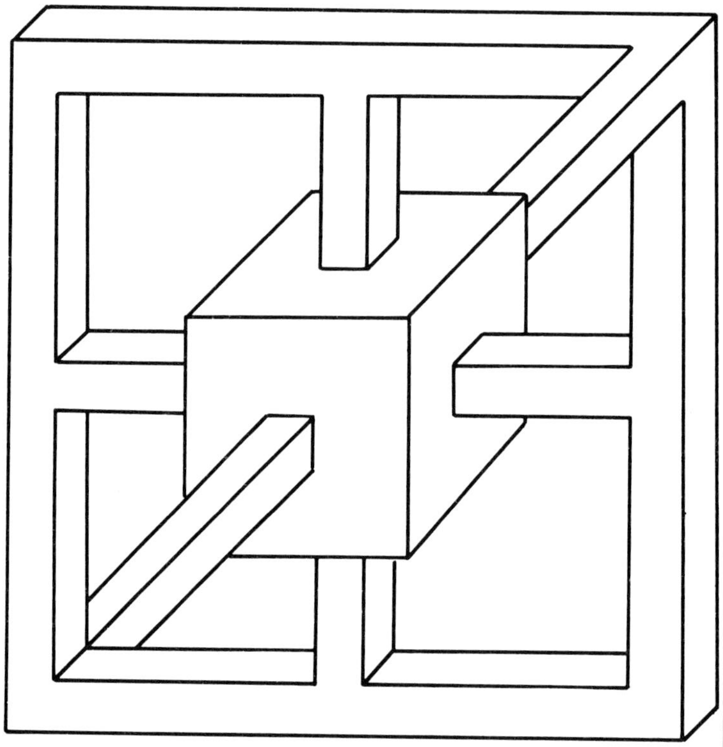

6. Treppen

Wenn wir eine Linie aus einer Figur isolieren, ist ihre Lage im Raum ungewiß. Man kann nicht einmal bestimmen, ob sie gerade ist, denn beispielsweise wird ein Kreis auf einer solchen Kante ebenfalls als eine gerade Linie AB gesehen. Aber selbst wenn wir davon ausgehen, daß AB (siehe nebenstehende Abbildung) gerade ist, weiß man damit noch nichts über die Ausrichtung im Raum. Dazu werden weitere dreidimensionale Angaben benötigt. Wenn wir AB in einen Bezugskubus zeichnen, ist ihre Lage im Raum ausreichend definiert. Wir zeigen hier zwei der vielen Möglichkeiten. In der ersten Abbildung liegt A näher beim Betrachter und höher als B. In der zweiten Abbildung darunter verhält es sich genau umgekehrt.

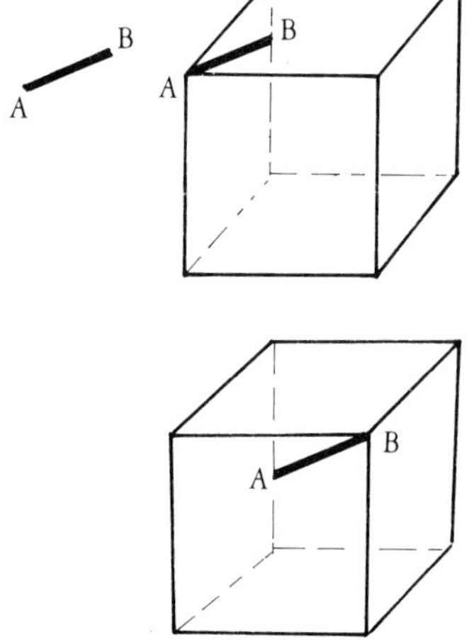

Die Richtung der Linie AB im Raum ist unbestimmt, bis wir sie mit einer Umgebung verbinden, die eine deutliche Raum-Ausrichtung besitzt.

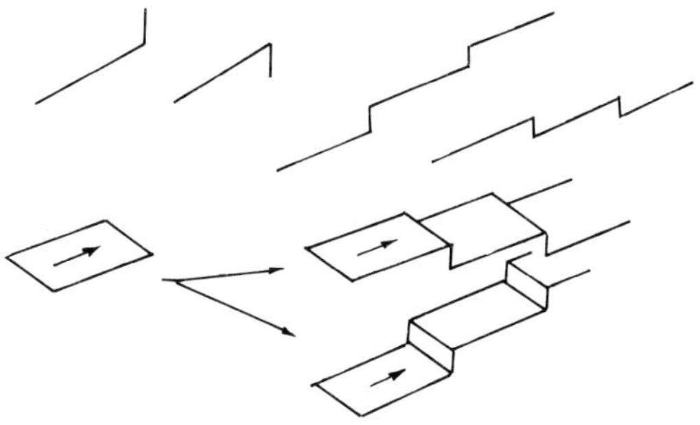

Schon das Hinzufügen einer einzigen Linie an AB liefert ein erstaunliches Maß mehr an räumlicher Information. Unser AUGE ist sofort geneigt, darin das Zeichen für „nach oben" oder „nach unten" zu erkennen, vor allem dann, wenn die Linienfolge einige Male wiederholt wird.
Die Angabe ist noch nicht ausreichend für die Schlußfolgerung *hinauf* oder *hinunter*, aber sie ist unverzichtbar, wenn wir einen stufenartigen Aufwärts- oder Abwärtsverlauf zeichnen wollen.

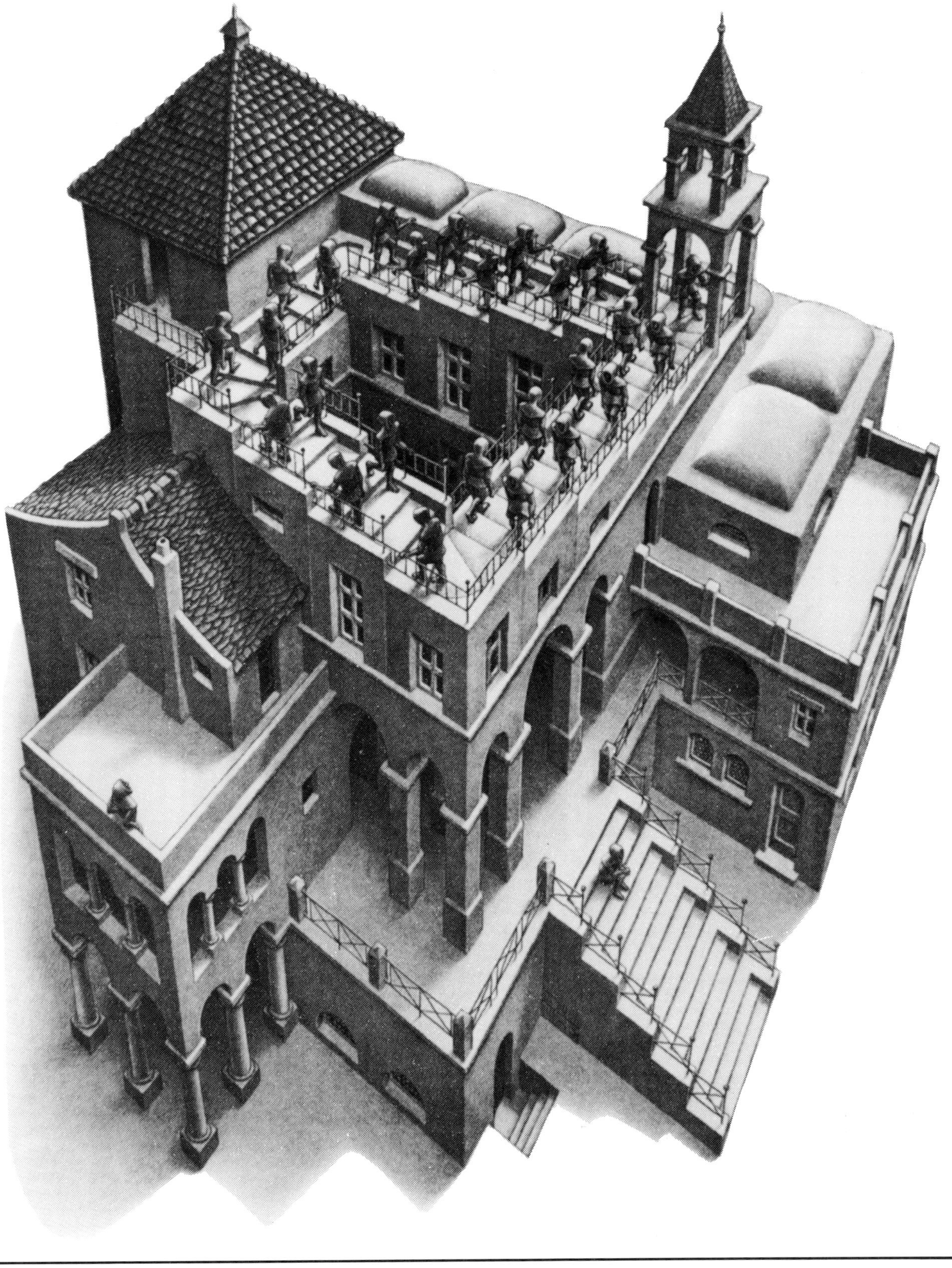

Treppauf und treppab

Rechts:
Endlose Treppe mit nur vier Stufen.

An Eschers Lithographie „Treppauf und treppab“ (S. 55) bewundert der Betrachter vor allem den Effekt des endlosen Hinaufsteigens (oder Hinabsteigens) der Figuren, ohne daß diese dabei an einem höher (oder tiefer) gelegenen Punkt ankämen. Escher übernahm diese endlose Treppe von L. S. und R. Penrose, die sie in demselben Artikel beschrieben, in dem auch die unmögliche Drei-Balken-Konstruktionen vorgestellt wurden.
Wenn wir eine Treppe sehen, bestimmen wir die Richtung, in der wir diese entlanggehen wollen. Wenn wir in dieser Richtung einer Angabe für *hinauf* begegnen, folgern wir, daß es eine aufsteigende Treppe ist, bei der Angabe *hinunter* sehen wir eine absteigende Treppe. Die Richtung, die die Fläche der Stufe hat, spielt dabei keine Rolle. Siehe die Beispiele auf Seite 55 oben.

Wenn sich die Richtung der Treppe ändern soll, können wir diese beliebig auswählen, unabhängig von ihrem auf- oder absteigenden Gefälle. Diese Tatsachen machen einen Teil des Geheimnisses vom endlosen Hinauf- und Hinabsteigen der Figuren in „Treppauf und treppab“ aus.
Es ist sogar möglich, mit nur vier Stufen eine derartige Treppe darzustellen (siehe die Abbildung auf der rechten Seite).
Dem Uhrzeigersinn folgend, ist es eine absteigende Treppe. Das Unmögliche basiert auf den Hinauf- und Hinunterangaben, die im Widerspruch zu der dreidimensionalen Angabe (durch die Überschneidung der Stufen) stehen.

Die zweite Zeichnung (unten) ist der ersten sehr ähnlich, aber wir haben die Widersprüchlichkeit der Angaben aufgehoben. Nun zeigt sich deutlich, daß die Treppe ein Abwärtsgefälle hat und deshalb auch nach einem Rundgang drei Balkenstärken tiefer endet. Den Raum zwischen den Balken kann man natürlich auch an einem der anderen Eckpunkte darstellen.

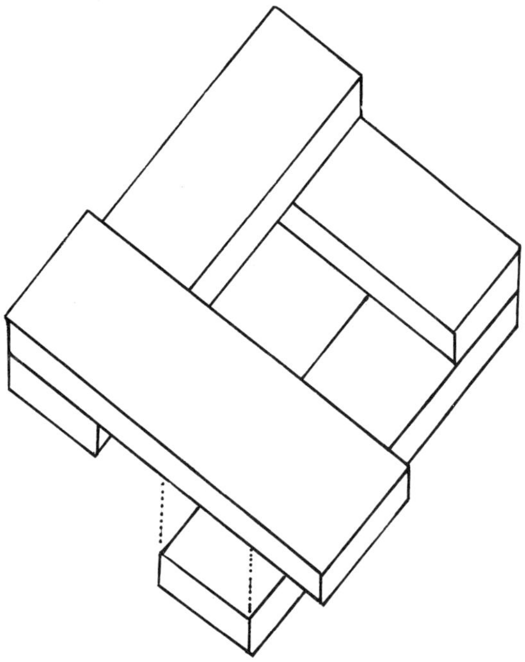

Links:
Diese Treppe fällt im Uhrzeigersinn ab.

Sonderbare Fliesenböden und Schachbretter

Die räumlichen Angaben *hinauf* und *hinunter*, die wir hier kennengelernt haben, werden vom AUGE hundertprozentig in Rechnung gestellt. In den folgenden Zeichnungen finden wir diese Angaben am Rand eines völlig ebenen Fliesenbodens. Das Resultat ist eine unmögliche Figur, bei der das stufenweise Ansteigen im Widerspruch zur Ebenheit der Fläche steht. Betrachten Sie nun noch einmal Eschers „Wasserfall“ (S. 15). Die Richtung, in der das Wasser strömt, wird dadurch festgelegt, daß jeder Balken der unmöglichen Figur als Treppe gezeichnet ist!

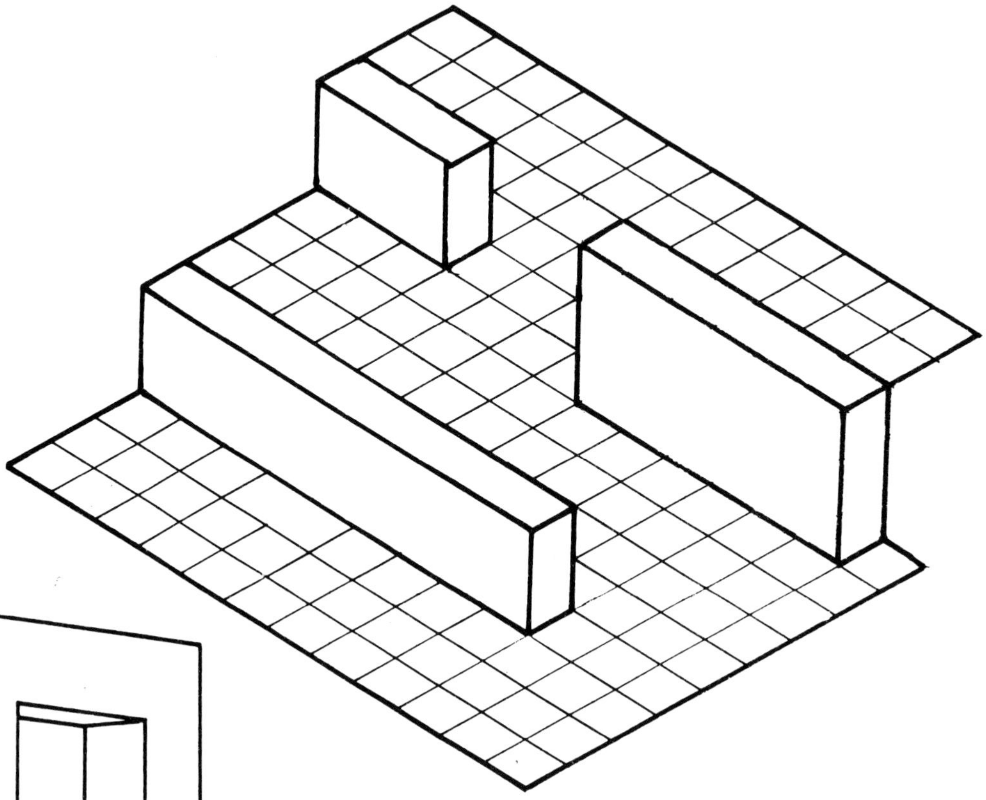

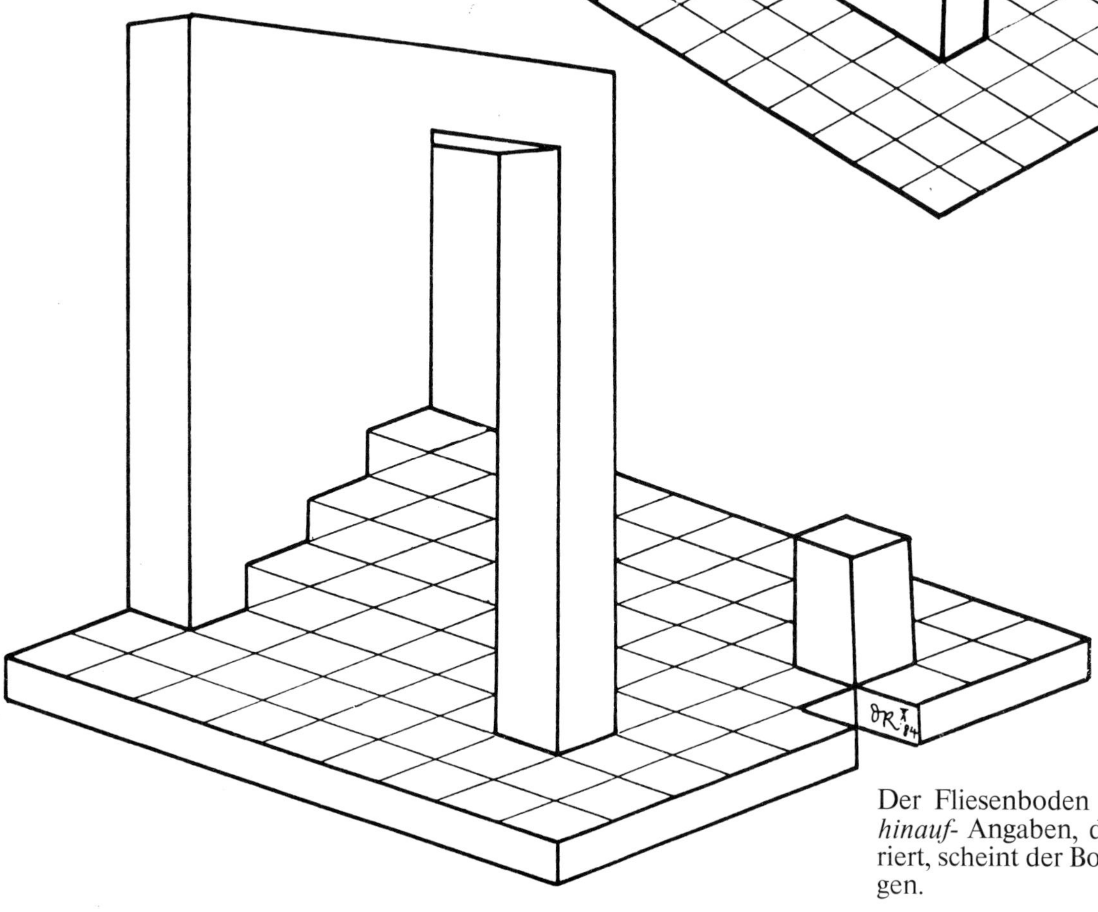

Der Fliesenboden ist eben, aber durch die *hinauf*- Angaben, die der linke Rand suggeriert, scheint der Boden stufenweise anzusteigen.

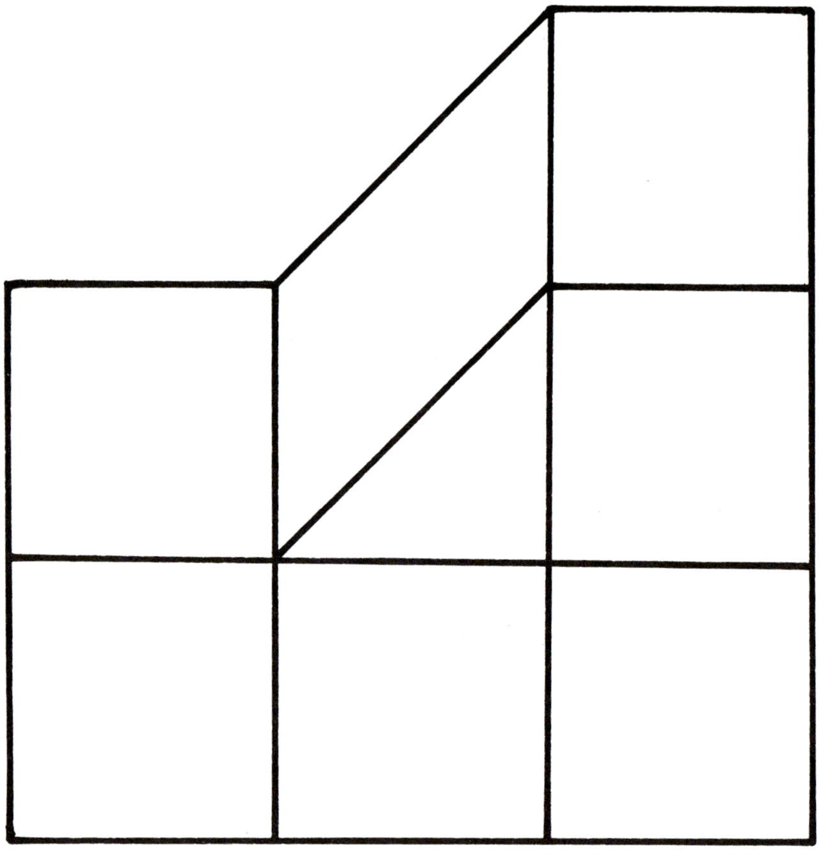

Bei Experimenten mit Photos eines Schachbrettes mit stufenweise abgeklebtem Rand zeigte sich, daß der Effekt mit einer minimalen Anzahl von Feldern die überzeugendsten unmöglichen Figuren lieferte. Die Photos zeigen, daß die Spannung zwischen Ebenflächigkeit und Niveaudifferenz sehr stark ist. Selbst wenn wir zugleich das Spiegelbild photographieren, wird die Illusion des Höhenunterschiedes in keiner Weise angetastet.

Wenn wir auf diese völlig flache Zeichnung einige Schachfiguren stellen, scheinen sich diese auf zwei verschiedenen Niveaus und zugleich auf demselben Niveau zu befinden.

7. Flächen, die zugleich weit weg und nah sind

Die Zeichnungen auf dieser Seite zeigen links oben eine umgekehrte U-Form mit einem kurzen und einem langen Bein. Eine einfache flache Figur. Wenn wir ihr etwas Volumen geben, ändert sich nicht viel an dem, was das AUGE daraus macht: dieselbe Figur daneben, aber nun aus einer dicken Platte gesägt.
Bei den Figuren darunter verhält es sich anders. Wenn man einen kleinen Kubus gegen das rechte Bein setzt, führt diese Information zu einem gänzlich anderen Resultat: Die Beine sind gleich lang und ruhen auf derselben horizontalen Fläche. Das rechte Bein liegt weiter weg als das linke! Und damit befindet sich die Vorderfläche (die übrigens in allen Figuren dieselbe Form behalten hat) an zwei Orten zugleich. Von links aus betrachtet, ist sie nah, von rechts aus betrachtet, liegt sie weiter weg: eine unmögliche Figur!
Wir können aus dem kleinen Kubus wiederum eine unmögliche Figur machen und einen noch kleineren Kubus als Schlußteil dagegen stellen, wie es auf der Illustration der Seite 61 zu sehen ist. Wir können das sogar endlos weiterführen... Aber die Dreierkombination mag hier genug sein.
Dieses Spiel kann man auch mit drei oder mehreren Säulen treiben, auf denen ein Balken ruht. Der Balken betont, daß alles in einer ebenen Fläche liegt, die Säulen können wir auf jedem beliebigen Punkt des Bodens enden lassen. Ein Beispiel dafür sehen Sie auf der rechten Seite.

Rechts:
Im vorhergehenden Kapitel (Seite 58) wurde dasselbe Prinzip angewendet, jedoch mit zwei Säulen. Durch die Bilder Magrittes inspiriert, hat der belgische Maler Jos de Mey sehr viele, besonders realistische Bilder zu diesem Thema angefertigt.

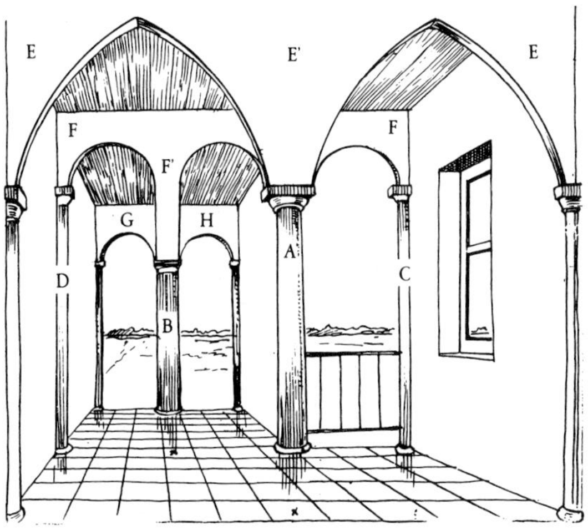

Eine Variante zu der Wandmalerei aus dem 15. Jahrhundert. H. Rotgans fertigte von ihr eine korrekte perspektivische Skizze an.

Ein Beispiel aus dem fünfzehnten Jahrhundert

Dieser Typ einer unmöglichen Figur ist wahrscheinlich der erste, der bewußt von einem Maler angewendet wurde. In der Grote Kerk in Breda wurde 1902 bei einer Restauration eine Wandmalerei aus dem fünfzehnten Jahrhundert entdeckt, die die Verkündigung des Engels Gabriel an Maria darstellt (Information von Siebers, Verwalter der Grote Kerk). Die Szene wird von zwei Arkaden umrahmt. Die beiden äußeren Säulen befinden sich im Bildvordergrund, während die mittlere Säule hinter einem Tisch im Bildhintergrund verschwindet!

Daß es sich hierbei nicht um eine strittige Interpretation eines Voreingenommenen handelt, der in allem unmögliche Figuren sehen will, beweist eine ausführliche Beschreibung des Bildes durch den Kunsthistoriker J. Kalf, die sich in seinem Buch *De monumenten in de voormalige Baronie van Breda* (Utrecht 1912) findet. Er beginnt folgendermaßen:

„Das Bild, innerhalb der Ränder 2,70 m breit und in den Spitzbögen 2,50 m hoch, zeigt ein Zimmer, durch eine (perspektivisch deplazierte) rote Säule mit grauem Kapitell in zwei Hälften unterteilt ..."

Das Unmögliche ist Kalf also sofort aufgefallen, aber er deutet es als perspektivisch unpassend. Die Zeichnung oben links ist von dieser Wandmalerei inspiriert. Sie zeigt den Effekt, der entsteht, wenn die mittlere Säule einer doppelten Arkade in den Hintergrund versetzt wird.

Rechts:
Wandmalerei aus dem fünfzehnten Jahrhundert in der Grote Kerk in Breda. Hier wurde eine unmögliche Figur aus eindeutig praktischen Gründen gewählt: Der Maler wollte das Bild nicht durch einen Mittelpfeiler halbieren.

Links:
Die dicke Mauer mit dem Tor befindet sich gleichzeitig in zwei verschiedenen Abständen zu uns. Mit der Oberseite des Pfostens, an dem das Pendel hängt, verhält es sich ähnlich.

Die Carceri von Piranesi

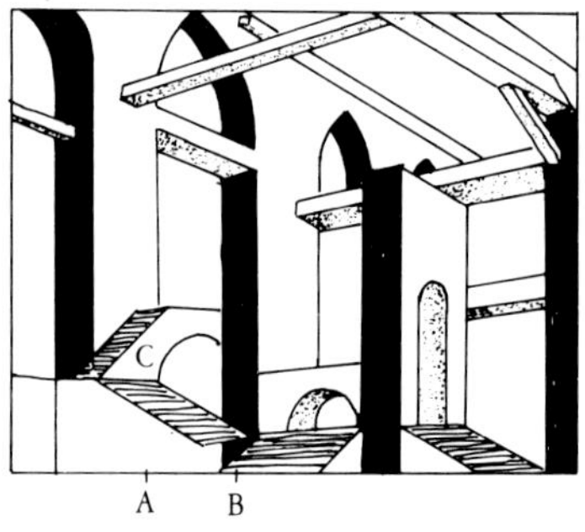

Im Jahre 1760 erschien eine Sammlung von Radierungen des Giovanni Battista Piranesi: Carceri d'invenzione (frei übersetzt: Erfundene Kerker). Es handelte sich um die Bearbeitung einer Serie von Radierungen, die er bereits 1745 angefertigt hatte.

Viele Autoren haben sich über diese Radierungen den Kopf zerbrochen. Die Darstellungen sind räumlich nur schwer (manchmal gar nicht) zu analysieren. Piranesi hat nichts ausgelassen, um dies zu erreichen. Die Verwendung unmöglicher Figuren wäre dafür natürlich ein ausgezeichnetes Mittel gewesen, aber diese hatten zu Piranesis Zeit noch nicht den heutigen Bekanntheitsgrad.

Piranesi selbst kommt in Bild XIV (nur der linke Teil wurde hier reproduziert) zu einer unmöglichen Figur des hier behandelten Typs. Die kleine Abbildung rechts oben zeigt eine stark vereinfachte Wiedergabe dieses Bildes. Die unmögliche Figur findet man zwischen A und B. Das Unmögliche erhält noch einen zusätzlichen Akzent durch die vorhandene Brücke C, die parallel zur langen Seitenwand verläuft und deshalb sicherlich nicht hinter dem zweiten Pfeiler verschwinden kann. Die Abbildung darunter gibt das

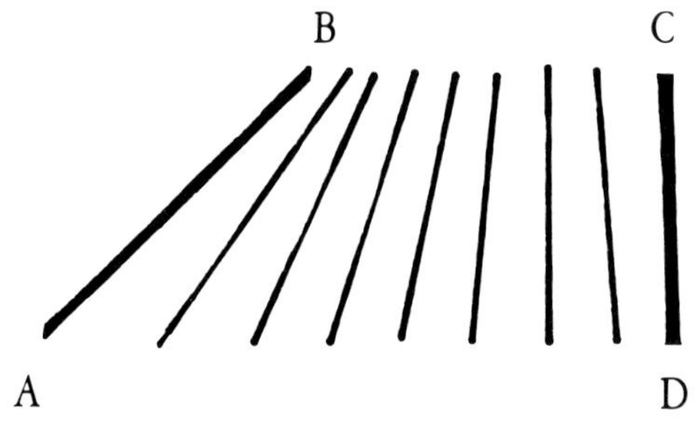

Schema dieser unmöglichen Figur wieder, wobei A, B und C mit den Buchstaben der oberen Abbildung übereinstimmen. Rudy Kousbroek wies mich auf dieses Bild und das Detail als ein Beispiel für eine unmögliche Vier-Balken-Konstruktion hin. Das ist nicht ganz richtig, obwohl die unmögliche Vier-Balken-Konstruktion eine gewisse Ähnlichkeit mit dem hier behandelten Typ einer unmöglichen Figur aufweist.

8. Doppelte Ausrichtung

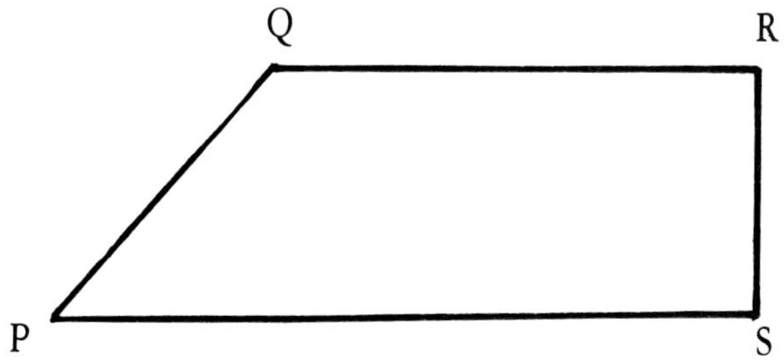

Eine ebene Fläche kann nicht gleichzeitig horizontal und vertikal ausgerichtet sein. Wohl kennen wir gekrümmte Flächen, die von der einen Ausrichtung allmählich in die andere übergehen. Diese Flächen können problemlos geometrisch beschrieben werden, weil sie aus geraden Linien aufgebaut sind, die allmählich die Richtung ändern. AB ist horizontal und CD vertikal (Abb. oben links).

Ebene Flächen mit doppelter Ausrichtung, wie PQRS, haben andere Eigenschaften. Von links aus betrachtet, ist die Fläche horizontal, und das bleibt sie, bis die Illusion durch die andere Richtung von RS gestört wird. Von rechts aus betrachtet, ist es eine vertikale Fläche; es gibt keinen allmählichen Übergang. Im allgemeinen wird man PQRS nicht als ein Ding wahrnehmen, sondern als Trapez in der gezeichneten Fläche. Dies ändert sich, sobald diese Fläche in die Abbildung eines normalen Gegenstandes eingefügt wird, wie in der nebenstehenden Zeichnung. Die beiden Platten unten und oben legen eindeutig fest, was wir als horizontal beziehungsweise als vertikal sehen müssen. Damit ist auch die Richtung von PQ und RS bestimmt; nun wird PQRS doch räumlich aufgefaßt. Die Ausrichtungsangaben sind jedoch widersprüchlich, denn PQRS kann nicht zugleich horizontal und vertikal sein.

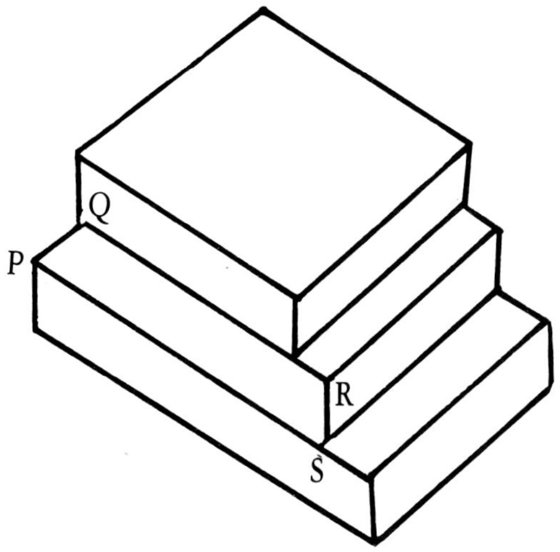

Tempel auf einer Pyramide

Man hat sich zahlreiche unmögliche Figuren ausgedacht, in denen ebene Flächen mit doppelter Ausrichtung vorkommen. Eine vor kurzem von mir erfundene unmögliche Treppenpyramide (siehe die Illustration auf der Seite 69) ist besonders interessant wegen des Nebeneffekts, daß die Zahl der Stufen auf wundersame Weise zunimmt. Die linke Seite hat drei, die mittlere fünf und die z.T. sichtbare rechte Seite neun.

In dieser Pyramide sind drei Ebenen zu erkennen, die eine völlig normale räumliche Interpretation zulassen. Sie schließen sechs Flächen mit doppelter Ausrichtung ein.

Wir können nun einige Varianten anfertigen, indem immer eine Treppe korrekt, das heißt ohne Flächen mit doppelter Ausrichtung gezeichnet wird. Sobald wir dies bei allen drei der sichtbaren Treppen machen, ist die Figur keine unmögliche Figur mehr (siehe nebenstehende Abb. und Seite 68 unten).

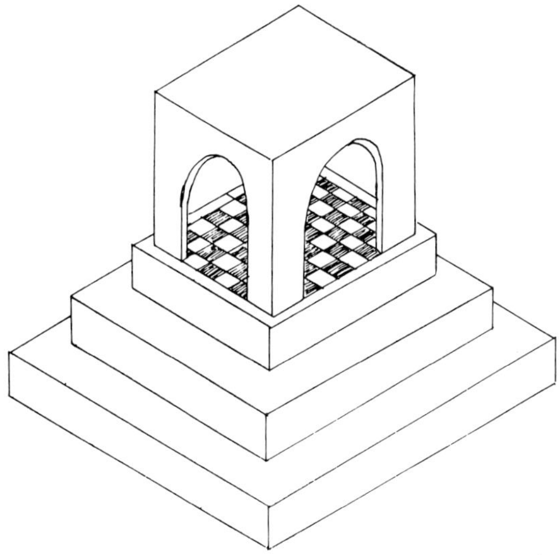

Die Abbildung des unmöglichen Tempels ist perspektivisch wiedergegeben. Die meisten Abbildungen in diesem Buch sind in axonometrischer Projektion gezeichnet. Das bedeutet, daß parallele Linien parallel gezeichnet werden, auch wenn sie sich von uns entfernen. Folglich gibt es keine perspektivische Verkleinerung von Gegenständen, die weiter von uns entfernt sind. Für den Prozeß des SEHENS macht das keinen großen Unterschied, denn es zeigt sich, daß die perspektivische Verkleinerung in den meisten Fällen als räumliche Angabe nur schwach wirkt. In einigen Zeichnungen (beispielsweise die auf den Seiten 17 oben und 64 wiedergegebenen Räume) wurden für die Ober- und Unterseite des Raumes zwei axonometrische Projektionen angewendet. Das führt zu einem quasi-perspektivischen Effekt. In diesen Zeichnungen war das notwendig, um sowohl den Boden als auch die Decke so wiederzugeben, wie diese innen gesehen werden.

Alle Treppen führen zu dem Tempel; man hat jedoch die Wahl zwischen einem bequemen und einem beschwerlichen Aufstieg.

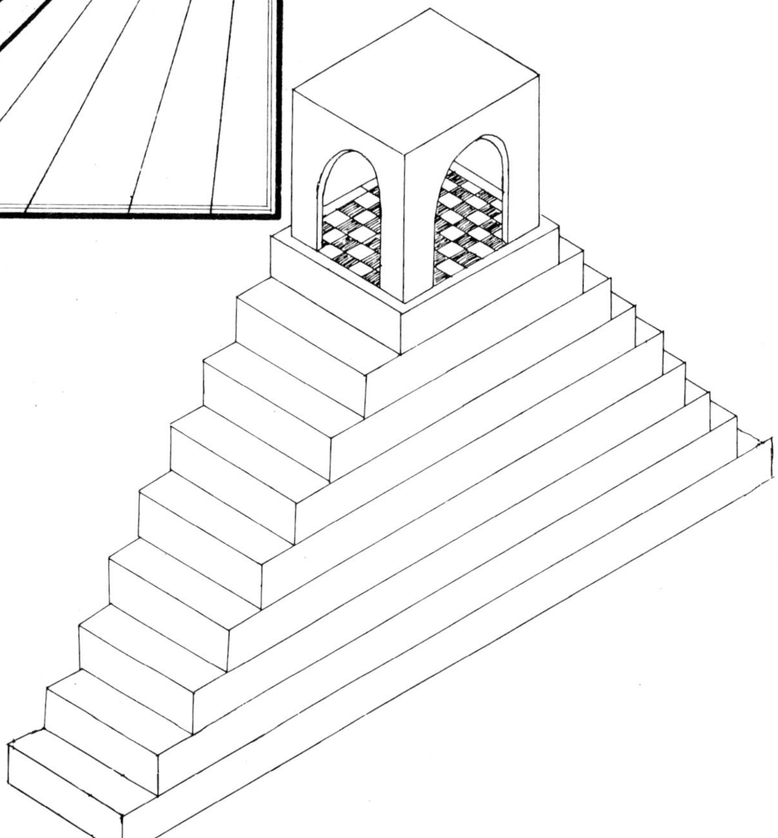

9. Verschwindende Räume

Die bisher behandelten unmöglichen Figuren beruhen alle auf Widersprüchlichkeiten der dreidimensionalen Angaben innerhalb der Figur. Eine zweite Gruppe ist auf ein völlig anderes Prinzip zurückzuführen. Ist der Kerzenleuchter auf der rechten Seite die Abbildung eines räumlich möglichen Kerzenleuchters? Wenn Sie ihn genau betrachten, werden Sie sehen, daß sich an bestimmten Stellen ein Stück Material im Nichts aufzulösen scheint. Anhand einer übersichtlicheren Figur wollen wir das näher betrachten.

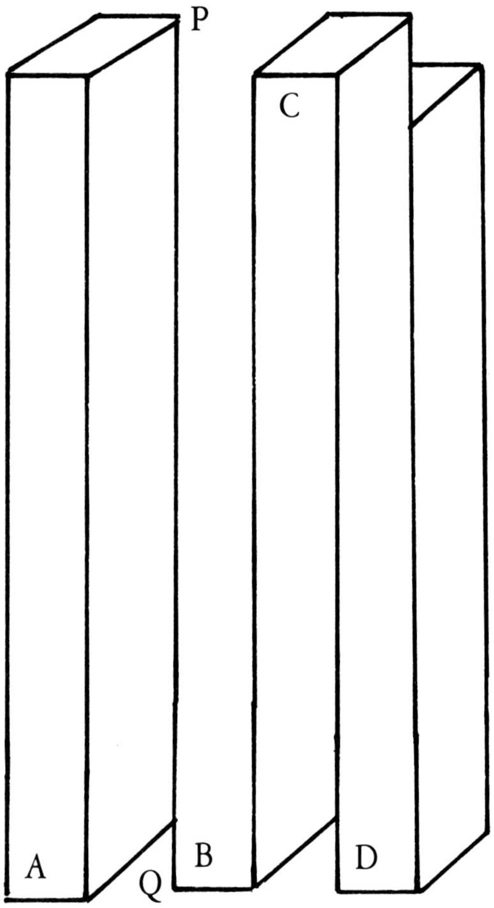

Blöcke verschwinden im Nichts

Der linke Block (A) ist korrekt, der zweite (B) ist nur dann vorhanden, wenn wir den unteren Teil der Figur betrachten. Wandert der Blick nach oben, verschwindet der Block einfach im Nichts. Mit Block C verhält es sich ebenso. Dieser existiert nur, wenn wir den oberen Teil betrachten. Block D erkennen Sie wahrscheinlich. Was unten die Vorderseite ist, wird oben zur Seitenkante. Es handelt sich um eine Fläche mit doppelter Ausrichtung. Diese lassen wir nun jedoch außer Betracht. Worauf beruht der Trick der verschwindenden Blöcke? Betrachten wir die Konturlinie PQ, dann erkennen wir, daß diese eine doppelte Funktion besitzt. Sie bildet sowohl die Begrenzung von Block A als auch die von Block B. Unser AUGE akzeptiert das nicht: Ein realer Gegenstand hat eine Konturlinie, die zu ihm gehört; sie kann nicht gleichzeitig zu einem anderen Gegenstand gehören.
Ausgehend von der Informationsverarbeitung durch das AUGE, können wir diesen Sachverhalt besser auf eine andere Weise formulieren. Angaben über Konturlinien werden nämlich durch das AUGE direkt in Informationen über Flächen umgesetzt. Das AUGE meldet demnach beispielsweise, daß B eine Fläche ist, weil sie innerhalb von Konturlinien liegt. Weil das AUGE die abschließende Linie oberhalb von B vermißt und an dieser Stelle sofort dem geschlossenen Umriß von C begegnet, wird dadurch dem Ergebnis „Es gibt einen Balken B" widersprochen, und so weiter. Das ist nichts Charakteristisches für die Dreidimensionalität des Abgebildeten; es kommt auch bei ebenen Flächen vor. Eine der bekanntesten Abbildungen, die dies demonstrieren, ist dieser Kelch, der auch zwei einander zugewandte Gesichter darstellt. Es ist unmöglich, gleichzeitig den Kelch und die Gesichter zu sehen. Deshalb handelt es sich hier nicht um eine unmögliche Figur. Es gibt einfach zwei Möglichkeiten: entweder ein Kelch oder zwei Gesichter.

Unmögliche Stimmgabeln und Teleskope

Bei der Gruppe unmöglicher Figuren, die wir nun vorstellen, verhält es sich noch etwas komplizierter. Die Dualität der einen Konturlinie wird stellenweise unterdrückt. So gehört PQ, unten beginnend, deutlich zu Block B, aber sobald wir sehen, daß dieser Block oben geöffnet ist, wird PQ als Kontur von Block A gesehen, und ein Block B besteht einfach nicht mehr. Die Unmöglichkeit beruht hier wieder auf einer Widersprüchlichkeit: Die Figur ist so ineinandergefügt, daß wir gezwungen werden, eine bestimmte Konturlinie einem bestimmten Objekt zuzuordnen und danach (bei Blickveränderung) einem anderen Objekt.

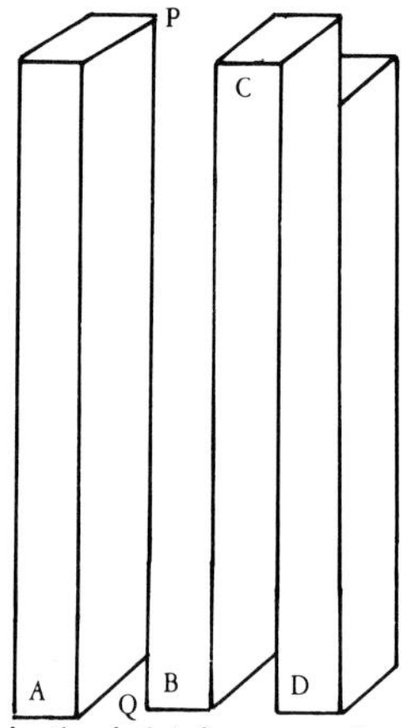

Die Dinge sind nicht immer das, als was sie erscheinen.

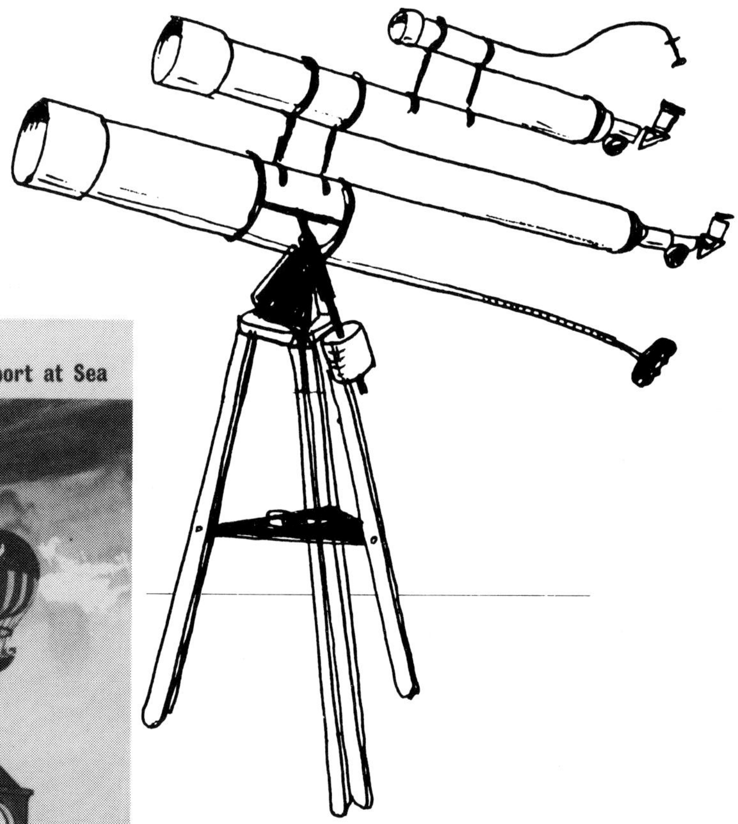

Das unbenutzbare Teleskop (Zeichnung: Govert Schilling).

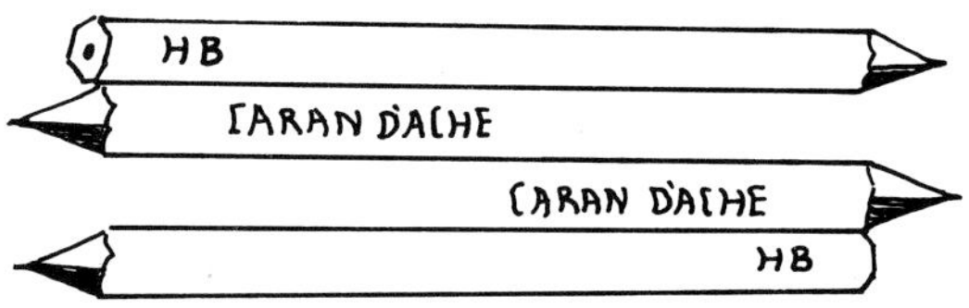

Rechts:
Negativer Klang: Diese Stimmgabel kann nicht klingen. Deshalb gehen auch die Schallwellen von ihrem Schatten auf dem Hintergrund aus.

Mit einem mittlerweile klassisch gewordenen Beispiel schließen wir diese Übersicht der verschiedenen Arten unmöglicher Figuren ab. Es ist eine „Konstruktionszeichnung“ eines unmöglichen Maschinenteiles, komplett mit Materialliste.

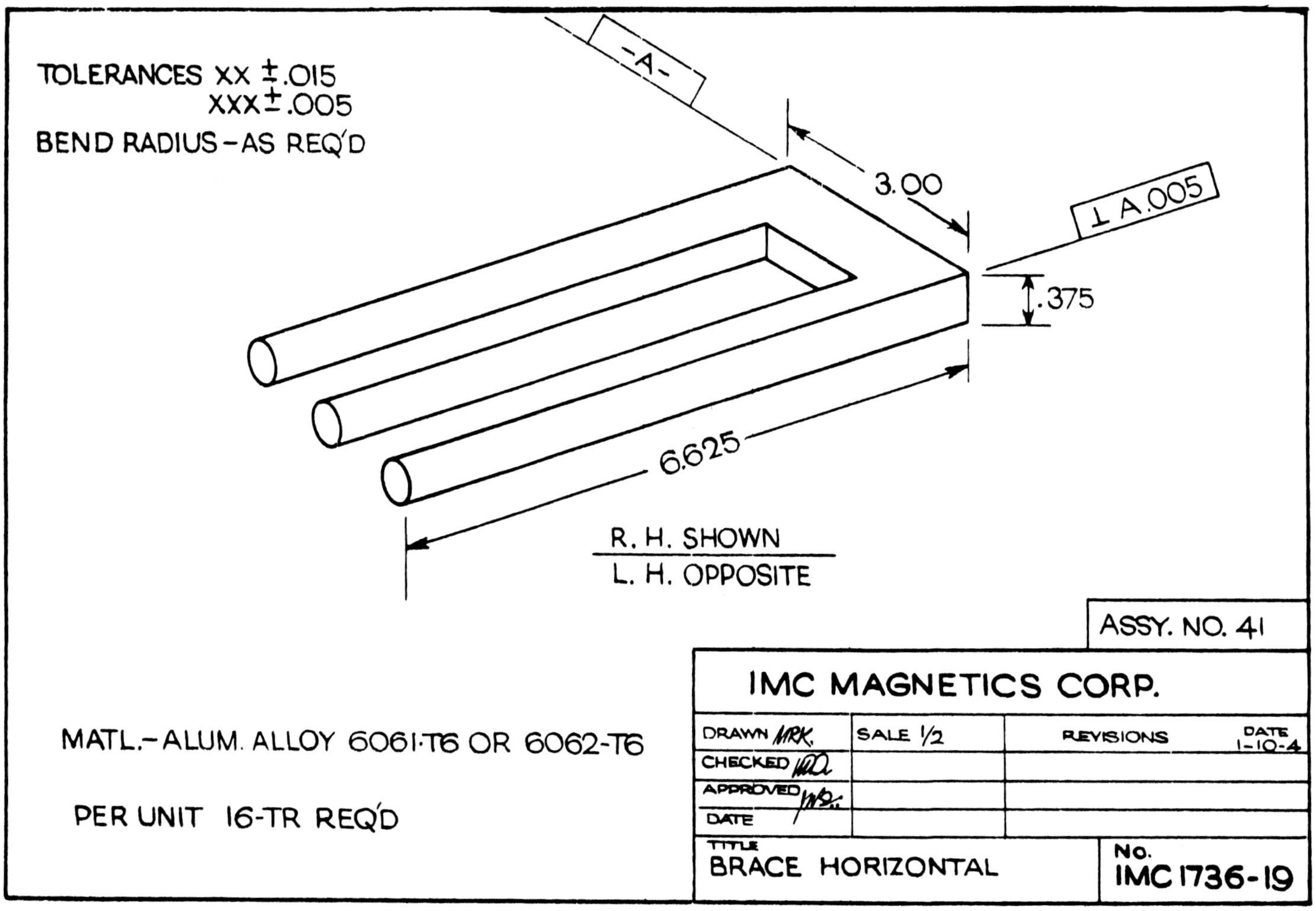

10. Unmerkbar unmögliche Figuren

Stellen wir uns vor, daß wir eine Figur zeichnen, die räumlich absolut nicht existieren kann. Würde das AUGE eine derartige Figur immer als unmögliche Figur erkennen? Mit anderen Worten: Würde es immer zu der zweiten Schlußfolgerung gelangen: „... aber das Ding kann nicht existieren“? Betrachten wir einmal die Abbildung auf der rechten Seite. Eine gekappte Pyramide, ja ... aber sie ist doch unmöglich. Versuchen Sie selbst einmal, dies zu begründen, ohne die Auflösung (die auf Seite 79 steht) zu Rate zu ziehen.
Das AUGE wird hier tatsächlich in die Irre geführt. Ein anderer Teil unseres GEHIRNS muß eingeschaltet werden, um die Unmöglichkeit zu entdecken. Und dennoch: Das AUGE ist ein völlig selbständiger Informationsverarbeiter; denn auch wenn Sie durch belehrende Erläuterung zu dem Ergebnis gekommen sind, daß die Pyramide wirklich unmöglich ist, bleibt die Schlußfolgerung des AUGES: Es ist eine gewöhnliche gekappte Pyramide, Punkt!

Rechts:
Diese gekappte Pyramide kann als räumliche Figur nicht existieren, doch das ist nicht zu erkennen. Das AUGE akzeptiert diese Figur spontan und ohne späteres Zögern.

Die Unmöglichkeit prüfen

Man hat nach einem Verfahren gesucht, um feststellen zu können, ob eine Figur eine unmögliche Figur ist oder nicht, ohne dabei das AUGE einzuschalten.
Wie das funktionieren könnte, zeigen wir anhand eines Beispieles, das nichts mit unmöglichen Figuren zu tun hat. Die Zeichnung unten besteht aus einer geschlossenen gekrümmten Linie. Diese teilt die Fläche jeweils in einen Bereich innerhalb und einen Bereich außerhalb der krummen Linie. Die Frage ist nun: Befindet sich Punkt A im Innen- oder im Außenbereich?
Mit diesem Problem hat das AUGE große Mühe. Wenn Sie die Zeichnung betrachten, werden Sie merken, daß das AUGE zu keiner Lösung gelangen kann. Es ist zu kompliziert.

Unser GEHIRN vermag wesentlich mehr als das AUGE allein. Nun begebe ich mich mit folgender Ausdrucksweise aufs Glatteis: Das GEHIRN kann für die Lösung neuer Probleme Programme herstellen (es kann denken!). Wir ziehen einen Strich von Punkt A zu einem Punkt außerhalb der Figur. Immer wenn dieser Strich die Linie schneidet, geraten wir von innen nach außen oder eben von außen nach innen. Daraus folgt, daß A innen liegt, wenn die Anzahl der Linienschnitte ungerade ist; im anderen Fall liegt A außen.

Unser Auge vermag nicht zu entscheiden, ob Punkt A im Innen- oder Außenbereich der gekrümmten Linie liegt. Um dies herauszubekommen, müssen wir uns eines intelligenten Verfahrens bedienen.

Um festzustellen, ob eine Figur eine unmögliche Figur ist, hat man sich ähnliche Vorgehensweisen ausgedacht, aber diese können nur bei bestimmten Arten unmöglicher Figuren angewendet werden, nämlich bei Drei-Balken-, Vier-Balken- ... und Viel-Balken-Konstruktionen.

Hier folgt nun eine Methode, von der das AUGE im Entscheidungsprozeß Gebrauch macht und die auf viele andere Arten unmöglicher Figuren angewendet werden kann.
Stellen Sie sich eine ebene Fläche S vor, die die Figur, zum Beispiel eine unmögliche Drei-Balken-Konstruktion, wie sie unten abgebildet ist, schneidet. Verdecken Sie den Teil der Figur, der sich unter diesem Schnitt befindet, mit einem Stück Papier, und zeichnen Sie den Durchschnitt der Figur mit S. Verdecken Sie dann den oberen Teil der Figur, und zeichnen Sie wieder den Durchschnitt mit S.
Wenn sich beide Durchschnitte in gewisser Hinsicht unterscheiden, ist die Figur unmöglich. Das AUGE hat dann offenbar eine Figur aus Teilen aufgebaut, die einander ausschließen, sobald sie vereinigt werden.

Die Schnittflächen-Methode, um herauszufinden, ob es sich um eine unmögliche Figur handelt: Stimmen beide Durchschnitte nicht völlig überein, handelt es sich um eine unmögliche Figur.

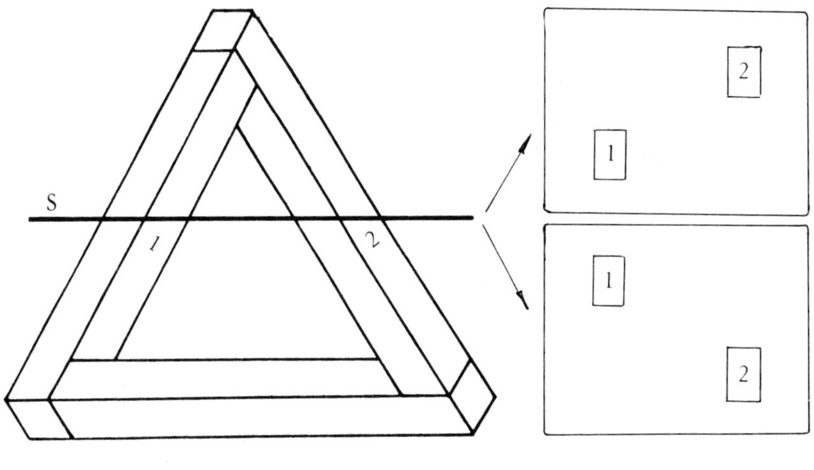

Die Zwei-Balken-Konstruktion von Professor X.

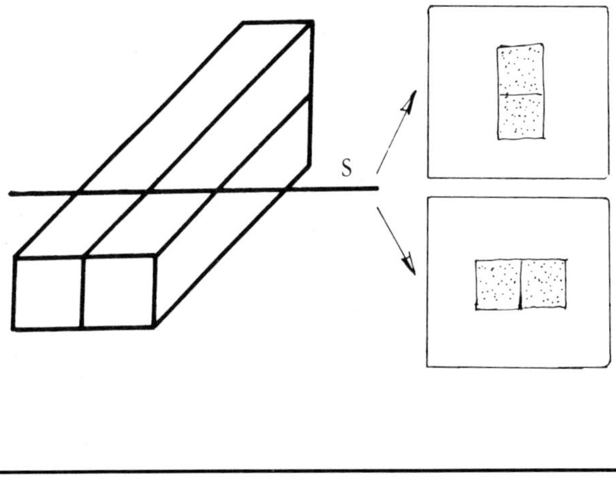

Um zu zeigen, daß diese Methode der Übereinstimmungsprüfung von Durchschnitten auf zahlreiche Arten unmöglicher Figuren anzuwenden ist, folgen nun noch einige Beispiele: die Zwei-Balken-Konstruktion von Professor X (Seite 77 unten), ein normaler Rahmen, ein unmöglicher Kuboid und die unmögliche Stimmgabel.
Bei unmerklichen unmöglichen Figuren, wie die unmögliche gekappte Pyramide zu Anfang dieses Kapitels, funktioniert diese Methode nicht: Ermittelt man die Durchschnittsfiguren, wird das AUGE auf dieselbe Weise hinters Licht geführt wie bei der kurzen Betrachtung der Gesamtfigur.

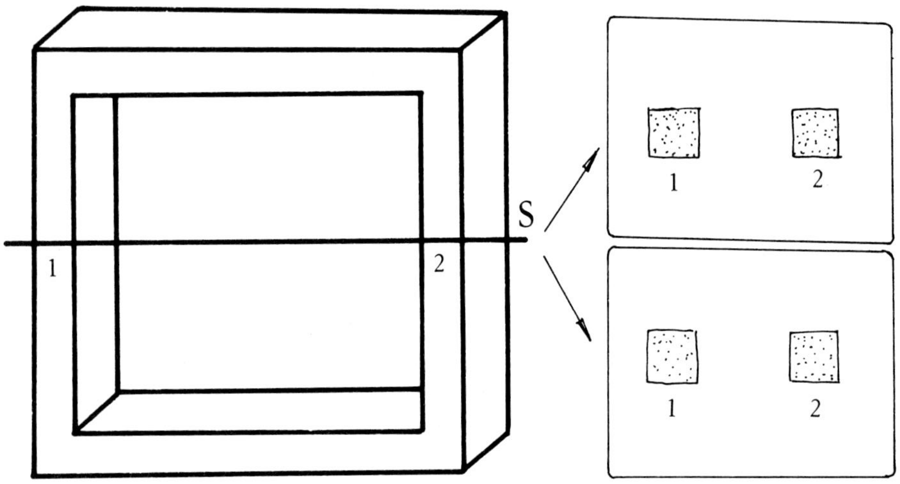

Ein normaler Rahmen.

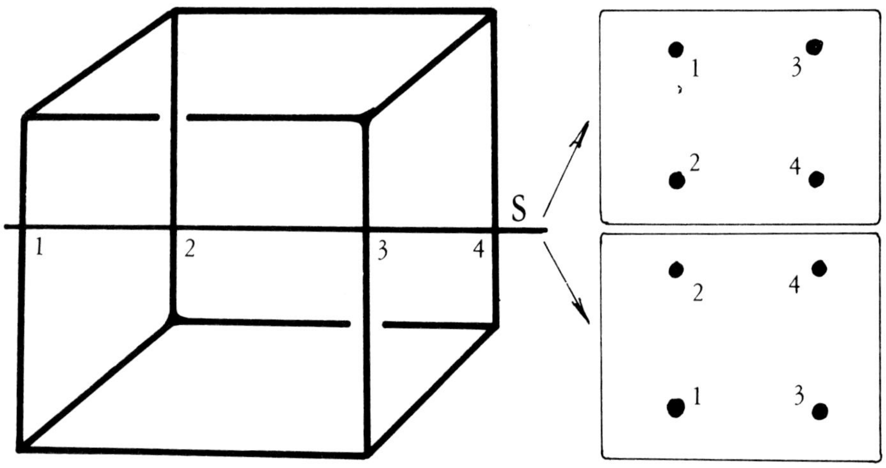

Ein unmöglicher Kuboid.

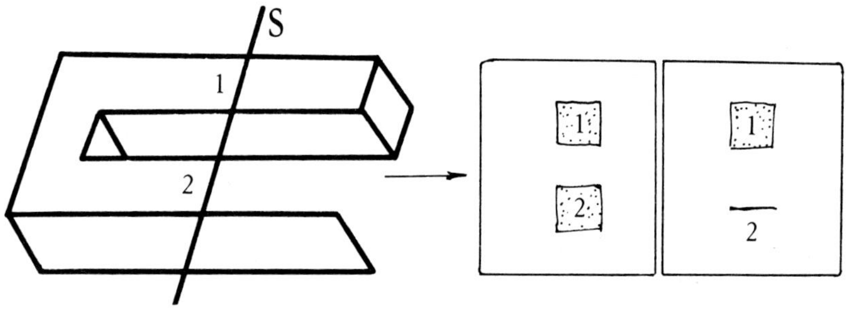

Die unmögliche Stimmgabel.

Einzigartig

Mit der bewußten Entdeckung der ersten unmöglichen Figur im Jahre 1934 wurde der visuellen Welt des Menschen etwas vollkommen Neues hinzugefügt. Etwas, das an der Grenze unseres Vorstellungsvermögens liegt. In diesem Sinne bilden die unmöglichen Figuren eine Bereicherung des menschlichen Geistes. Sie stellen eine besondere Kategorie dar; sie sind nicht mathematisch, obwohl mathematische Methoden angewendet werden, um sie zu beschreiben und zu analysieren. Es sind keine Kunstwerke; unmögliche Figuren können harmonisch und ausdrucksstark gezeichnet werden, aber sie wirken ebensogut ohne künstlerische Qualitäten.
Sie stellen eine Welt für sich dar, die den Menschen offenbar in besonderem Maße anspricht.
Unmögliche Figuren dienen auch als wertvolles Testmaterial, um mehr über das Funktionieren des AUGES zu erfahren. Und diese Kenntnis ist wiederum von großem Wert für die Entwicklung von Computern, die die Arbeitsweise des AUGES nachahmen (Robotervision!). Dies ist eines der Ziele, die hoch oben auf dem Wunschzettel der Computerfachleute stehen. Es ist deswegen auch nicht verwunderlich, daß die meisten Artikel, die nach 1970 über unmögliche Figuren geschrieben wurden (insgesamt mehr als hundert), in Zeitschriften publiziert wurden, die sich mit Computertechnik befassen.

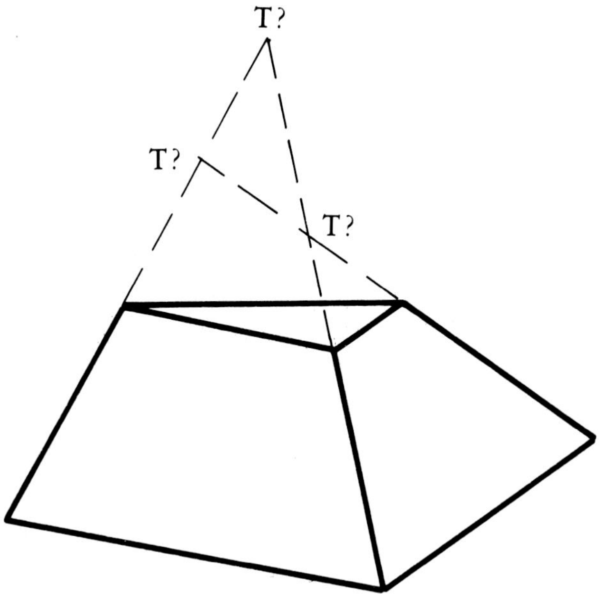

Auf dem Weg geometrischer Konstruktion erfahren Sie hier, warum die gekappte Pyramide doch unmöglich ist.

Literatur

Eine vollständige Literaturliste würde den Rahmen dieses Buches sprengen. Wir geben nur einen besonders lesenswerten Artikel an; wer sich in diese Problematik vertiefen möchte, findet darin eine ausführliche Literaturangabe.
Des weiteren nennen wir einige Titel von Büchern, in denen sehr viele Kunstwerke, die auf unmöglichen Figuren basieren, reproduziert sind.

Zenon Kulpa, „Are impossible figures possible?“ *Signal processing*, 5,1983, S. 201–220.
Sandro del Prete, *Illusorismen.* Bentelli Verlag, Bern (dritte Auflage) 1984.
Franco Grignani, *A methodology of vision*, Mailand 1975.
Mitsumasa Anno, *Jeux de construction*, L'Ecole, Paris 1970.
Toshihiro Katayama, *Visual construction, square movement, topology: hommage to the cube.* Tokio 1981.
Oscar Reutersvärd, *Onmogelijke figuren.* Meulenhoff/Landshoff, Amsterdam 1983.
Oscar Reutersvärd, *Onmöjliga figurer i färg.* Doxa, Lund 1985 (dieses Buch enthält andere Bilder als das zuvor genannte).

Weitere Publikationen zu *M.C. Escher* aus unserem Programm:

ESCHER-KARTENSET

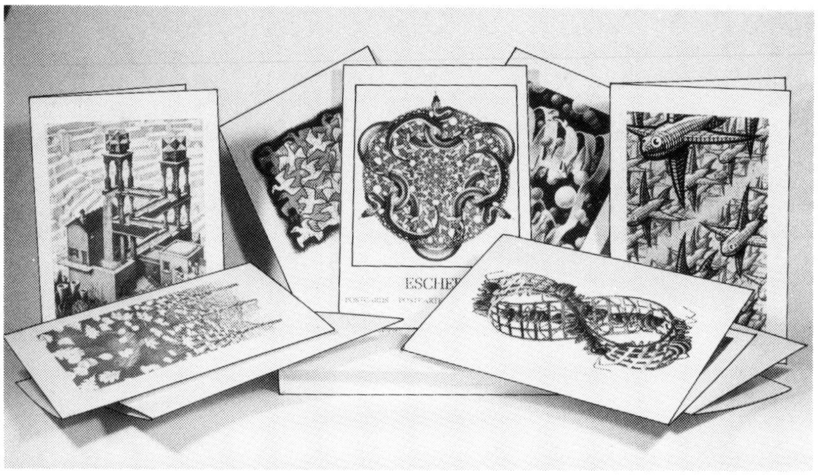

Diese Kunstdruckkarten mit ausgewählten Motiven aus dem Werk M.C. Eschers sind vielseitig verwendbar als Brief-, Einladungs-, Gruß- und Geschenkkarten. Wunderschön gestaltet – z.T. farbig, doppelseitig und von erlesener Papierqualität – gehören sie zur Welt der schönen kleinen Dinge, die Ihre ästhetische Sensibilität ansprechen.
Der feine Karton enthält acht Kunstdruckkarten und acht weiße Briefumschläge und ist auf dem Deckel mit einer ausgewählten Illustration seines Inhalts versehen. Auf seiner Rückseite finden Sie noch einmal alle acht Kartenmotive abgebildet. Kartenformat: 24×17,2 cm (aufgeklappt).

DER ZAUBERSPIEGEL DES
M.C. ESCHER von Bruno Ernst

Escher ist ein Konstrukteur unmöglicher Welten, der das real Unmögliche in seinen Bildern streng und gesetzmäßig darstellt. Das Ergebnis ist ein intelligentes Verwirrspiel mit Dimensionen und Perspektiven, das dem Betrachter die Gewohnheiten seiner Sinne vor Augen führt. Vielseitig sind die Mittel, durch die Escher zu verblüffen weiß: In seinen Metamorphosebildern verwandeln sich geometrische Gebilde allmählich in Tiergestalten; Figuren, die in die Zweidimensionalität gebannt scheinen, bewegen sich ins Körperhaft-Dreidimensionale. Ewige Wiederholungen und sinnlos erscheinende Verwandlungen sind weitere Kennzeichen seiner Welt im „Zauberspiegel“. 112 Seiten, 215×305 mm, über 150 s/w- und Farbabb., Softcover.

M.C. ESCHER
KALEIDOZYKLEN – Ein Theorie- und Bastelvergnügen von Doris Schattschneider u. Wallace Walker

Worin besteht das Geheimnis der optischen Überraschungen im Werk M.C. Eschers? Er besaß außergewöhnliche Phantasie, war ein handwerklich hervorragender Grafiker... Doch der eigentliche Schlüssel zu den erstaunlichen Effekten in seinen Bildern ist die Mathematik.
Dieses Buch erläutert die Grundlagen der Geometrie regelmäßiger Flächen und Körper. Der Zweck ist praktischer Art: Durch das gewonnene Verständnis wird der Leser die beigefügten Bastelbögen mit um so größerem Spaß zusammenbauen. Unter den insgesamt 17 Körpern stellen die Kaleidozyklen die geometrische Krone der Schöpfung dar. 48 Textseiten mit zahlreichen Abb., 16 heraustrennbare, großformatige, vierfarbige Bastelbögen (= 64 Seiten) mit Motiven aus dem Werk M.C. Eschers, Softcover.